もくじ

啓林館版
わくわく算数
2年　準拠

教科書 上

教科書 下

1　ひょうと　グラフ

／100点

1 シールの　形(かたち)を　しらべます。

❶　どんな　形の　シールが　いくつ　あるか　しらべて、下の　ひょうに　まい数(すう)を　かきましょう。　1つ10〔40点(てん)〕

シールの　形しらべ

形	ま　る	さんかく	しかく	ほ　し
まい数 （まい）				

❷　シールの　まい数を、○を　つかって、右の　グラフに　かきましょう。　〔20点〕

シールの　形しらべ

○			
○			
○			
○			
○			
まる	さんかく	しかく	ほし

❸　いちばん　多(おお)い　形は　どれですか。〔20点〕

（　　　　　　　）

❹　いちばん　少(すく)ない　形は　どれですか。〔20点〕

（　　　　　　　）

答えは 65ページ

月　　日

1　ひょうと　グラフ

／100点

1 前の　ページの　シールで、こんどは　色を　しらべます。

❶ 何色の　シールが　いくつ　あるか　しらべて、下の　ひょうに　まい数を　かきましょう。　1つ10〔30点〕

シールの　色しらべ

色	赤色	青色	黄色
まい数 （まい）			

❷ シールの　まい数を、○を　つかって　右の　グラフに　かきましょう。　〔30点〕

シールの　色しらべ

赤色	青色	黄色

❸ いちばん　多い　色は　どれですか。　〔40点〕

（　　　　）

答えは
65ページ

きほん 2

2 たし算と　ひき算

❶ たし算

／100点

1 つぎの　計算(けいさん)を　しましょう。　1つ6〔24点(てん)〕

❶ 11＋9　　❷ 25＋5

❸ 33＋7　　❹ 62＋8

2 18＋6の　計算の　しかたを　考(かんが)えます。
□に　あてはまる　数(かず)を　かきましょう。　1つ4〔12点〕

18＋6
2　4

❶ 6を □ と　4に　分(わ)ける

❷ 18に □ を　たして　20

❸ 20と　4で 

3 線(せん)に　そって　たしましょう。　□1つ6〔36点〕

❶
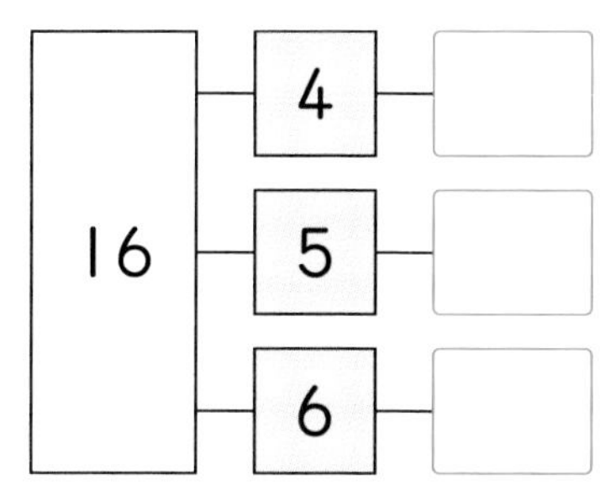

❷
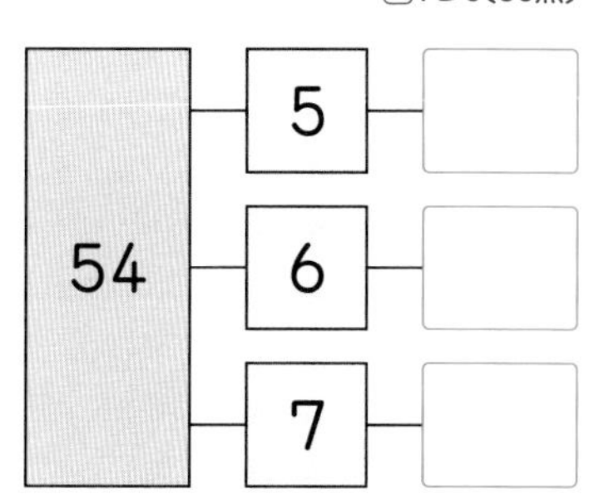

4 つぎの　計算を　しましょう。　1つ7〔28点〕

❶ 19＋3　　❷ 26＋7

❸ 35＋9　　❹ 48＋4

答えは
65ページ

教科書 ㊤ 18～21 ページ

月　　日

2 たし算と　ひき算

❶ たし算

／100点

1 つぎの　計算(けいさん)を　しましょう。　1つ8〔32点(てん)〕

❶ 24＋6　　❷ 57＋3

❸ 61＋9　　❹ 76＋4

2 つぎの　数(かず)に　いくつ　たすと　40に　なりますか。　1つ6〔18点〕

❶ 38　（　　）　❷ 35　（　　）　❸ 31　（　　）

3 つぎの　計算を　しましょう。　1つ8〔32点〕

❶ 73＋9　　❷ 66＋5

❸ 84＋8　　❹ 17＋7

4 ひろとさんは　切手(きって)を　37まい　もって　います。友(とも)だちに　8まい　もらうと、何(なん)まいに　なりますか。〔18点〕

【しき】

答(こた)え（　　　　）

答えは
65ページ

月　　日

10分

2　たし算と　ひき算

❷ ひき算

／100点

1 □に　あてはまる　数を　かきましょう。　1つ6〔18点〕

20−6
10　10

❶ 20 を　10 と　□ に　分ける

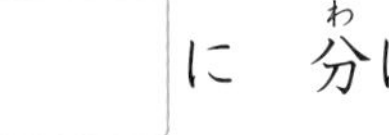

❷ □ から　6 を　ひいて　4

❸ 10 と　4 で　□

2 つぎの　計算を　しましょう。　1つ8〔32点〕

❶ 20−3　　❷ 20−9

❸ 30−4　　❹ 70−6

3 □に　あてはまる　数を　かきましょう。　1つ6〔18点〕

46−8
40　6

❶ 46 を　□ と　6 に　分ける

❷ □ から　8 を　ひいて　32

❸ 32 と　6 で　□

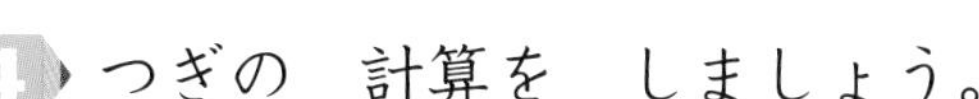

4 つぎの　計算を　しましょう。　1つ8〔32点〕

❶ 23−7　　❷ 25−6

❸ 56−9　　❹ 72−5

答えは
65ページ

教科書 上 22〜25 ページ

月　　日

2 たし算と ひき算
❷ ひき算

／100点

1 つぎの 計算(けいさん)を しましょう。 1つ6〔24点(てん)〕

❶ 20－4　　❷ 30－5

❸ 50－7　　❹ 80－8

2 つぎの 数(かず)から 4を ひくと いくつに なりますか。 1つ8〔24点〕

❶ 45 (　　)　　❷ 44 (　　)　　❸ 43 (　　)

3 つぎの 計算を しましょう。 1つ6〔36点〕

❶ 33－7　　❷ 47－9

❸ 52－4　　❹ 67－8

❺ 84－7　　❻ 91－9

4 みかんが 33こ あります。9こ 食(た)べると 何(なん)こ のこりますか。 〔16点〕

【しき】

答(こた)え(　　　　)

答えは 65ページ

3　時こくと　時間

／100点

1 右の　時計を　見て、答えましょう。　1つ14〔42点〕

❶ 何時何分ですか。

（　　　　　　）

❷ 1時間前の　時こくは　何時何分ですか。

（　　　　　　）

❸ 30分あとの　時こくは　何時何分ですか。

（　　　　　　）

2 □に　あてはまる　数を　かきましょう。　1つ8〔16点〕

❶ 1時間＝□分　　❷ 1日＝□時間

3 つぎの　時間を　もとめましょう。　1つ14〔42点〕

❶ 午前7時35分から　午前7時45分までの　時間

（　　　　　　）

❷ 午前9時30分から　午前10時までの　時間

（　　　　　　）

❸ 午後4時20分から　午後6時20分までの　時間

（　　　　　　）

答えは 66ページ

教科書 ㊤ 27～31 ページ

月　日

3 時こくと 時間

／100点

1 下の ㋐の 時計(とけい)は 朝(あさ)、家(いえ)を 出(じ)た 時こく、㋑の 時計は 学校に ついた 時こく、㋒の 時計は 学校から 家に 帰(かえ)った 時こくです。 1つ20〔100点(てん)〕

㋐ 

㋑ 

㋒ 

❶ 朝、家を 出た 時こくを、午前(ごぜん)や 午後(ごご)を つかって かきましょう。

（　　　　　）

❷ 朝、家を 出てから 学校に つくまでの 時間(じかん)は どれだけですか。

（　　　　　）

❸ 朝、家を 出てから 家に 帰るまでの 時間は どれだけですか。

（　　　　　）

❹ ㋐の 時こくの 1時間前(まえ)に おきました。おきた 時こくを、午前や 午後を つかって かきましょう。

（　　　　　）

❺ ㋒の 時こくの 30分(ぷん)あとに しゅくだいを はじめました。しゅくだいを はじめた 時こくを、午前や 午後を つかってかきましょう。

（　　　　　）

答えは 66ページ

月　　日

4 長　さ
(長　さ①)

／100点

1 □に　あてはまる　数を　かきましょう。　1つ10〔20点〕

❶ 4cmは、1cmの　□つ分の　長さです。

❷ 1mmの　17こ分の　長さは　□mmです。

また、その　長さは、□cm□mmです。

2 テープの　長さは　何cm何mmですか。　1つ10〔20点〕

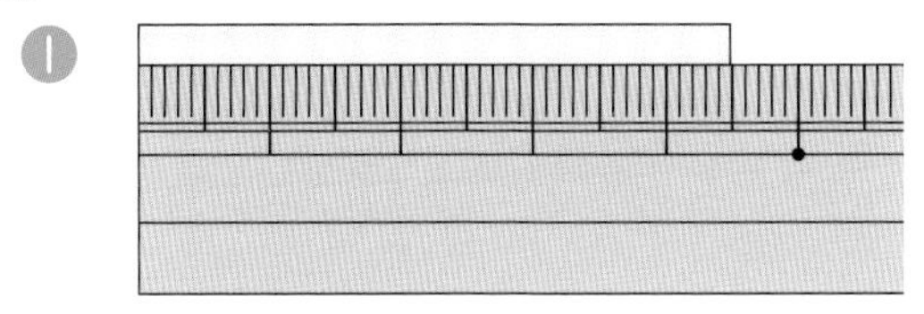

❶ (　　　)

❷ (　　　)

3 下の　直線の　長さは　何mmですか。　1つ20〔60点〕

❶ (　　　)

❷ (　　　)

❸ (　　　)

答えは
66ページ

4 長 さ
(長 さ①)

／100点

1 ものさしで 長(なが)さを はかりましょう。 1つ10〔20点(てん)〕

❶

❷

❶(　　　　)　❷(　　　　)

2 左はしから、㋐、㋑、㋒、㋓までの 長さと 同(おな)じ 長さを、線(せん)で むすびましょう。 1つ5〔20点〕

❶ 7cm 8mm　❷ 7mm　❸ 34mm　❹ 6cm

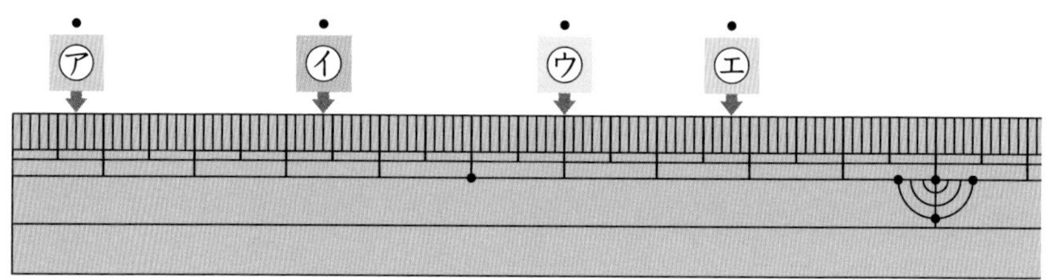

3 □に あてはまる 数(かず)を かきましょう。 1つ10〔60点〕

❶ 3cm＝□mm　❷ 2cm 7mm＝□mm

❸ 10cm＝□mm　❹ 64mm＝□cm□mm

❺ 80mm＝□cm　❻ 5cm 9mm＝□mm

答えは 66ページ

教科書 ㊤ 41～44 ページ　　月　　日

4 長 さ
(長 さ②)

／100点

1 つぎの 長(なが)さの 直線(ちょくせん)を かきましょう。　1つ10〔20点(てん)〕

❶ 4cm　　❷ 3cm3mm

2 □に あてはまる 長さの たんいを かきましょう。　1つ10〔20点〕

❶ ダンボールの あつさ …… 5□

❷ クリップの 長さ ………… 2□

3 □に あてはまる 数(かず)を かきましょう。　1つ10〔60点〕

❶ 5cm＋2cm＝□cm

❷ 3mm＋4mm＝□mm

❸ 9cm4mm＋5mm＝□cm□mm

❹ 8cm－7cm＝□cm

❺ 6mm－5mm＝□mm

❻ 4cm8mm－6mm＝□cm□mm

答えは 66ページ

かくにん 6

教科書 ㊤ 41～44 ページ

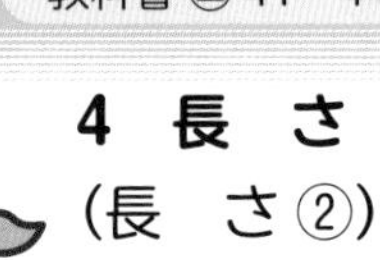

4 長さ
(長さ②)

／100点

1 □に あてはまる 数(かず)を かきましょう。 1つ10〔40点(てん)〕

❶ 13cm4mm＋5cm＝□cm□mm

❷ 14cm6mm－7cm＝□cm□mm

❸ 7mm＋4cm3mm＝□cm

❹ 8cm4mm－4mm＝□cm

ものさしで
はかって
長さを
たそう。

2 ㋐と ㋑の 線(せん)の 長(なが)さを はかって くらべましょう。1つ20〔60点〕

㋐

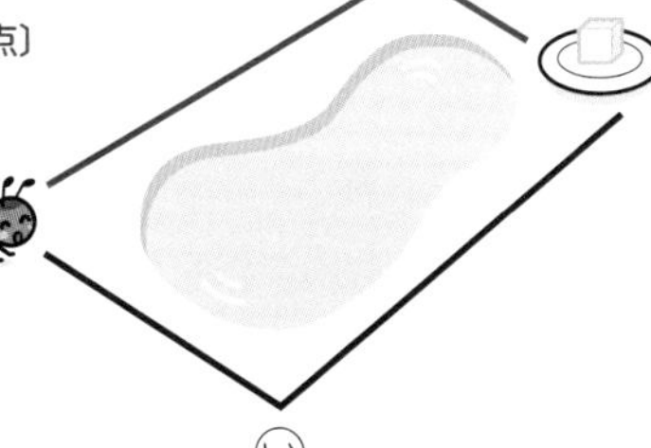

㋑

❶ ㋐の 線の 長さは どれだけですか。

(　　　　　)

❷ ㋑の 線の 長さは どれだけですか。

(　　　　　)

❸ ㋐と ㋑の 線の 長さの ちがいは どれだけですか。

(　　　　　)

答えは 66ページ

きほん 7

教科書 上 47～53 ページ　　月　日　10分

5 たし算と　ひき算の　ひっ算(1)

❶ たし算

／100点

1 つぎの　計算(けいさん)を　しましょう。　1つ10〔60点(てん)〕

❶ $\begin{array}{r} 32 \\ +56 \\ \hline \end{array}$　❷ $\begin{array}{r} 40 \\ +26 \\ \hline \end{array}$　❸ $\begin{array}{r} 23 \\ +48 \\ \hline \end{array}$

❹ $\begin{array}{r} 18 \\ +42 \\ \hline \end{array}$　❺ $\begin{array}{r} 7 \\ +55 \\ \hline \end{array}$　❻ $\begin{array}{r} 67 \\ +3 \\ \hline \end{array}$

2 こうすけさんは、63円の　チョコレートと　36円の　ガムを　買(か)います。あわせて　何円(なんえん)に　なりますか。〔20点〕

【しき】　【ひっ算】

答(こた)え（　　　）

3 つぎの　計算を　ひっ算で　しましょう。また、答えを　たしかめましょう。　1つ10〔20点〕

❶ 48＋35　❷ 61＋9

【ひっ算】　【たしかめ】　【ひっ算】　【たしかめ】

答えは
66ページ

月　　日

5　たし算と　ひき算の　ひっ算(1)

❶ たし算

／100点

1 つぎの　計算(けいさん)を　しましょう。　1つ6〔36点(てん)〕

❶
$$\begin{array}{r} 17 \\ +\ 82 \\ \hline \end{array}$$

❷
$$\begin{array}{r} 34 \\ +\ 59 \\ \hline \end{array}$$

❸
$$\begin{array}{r} 44 \\ +\ 36 \\ \hline \end{array}$$

❹
$$\begin{array}{r} 72 \\ +\ 20 \\ \hline \end{array}$$

❺
$$\begin{array}{r} 49 \\ +\ \ 4 \\ \hline \end{array}$$

❻
$$\begin{array}{r} 4 \\ +\ 55 \\ \hline \end{array}$$

2 つぎの　計算を　しましょう。　1つ8〔48点〕

❶ 43＋51　　❷ 16＋47

❸ 7＋80　　❹ 35＋25

❺ 9＋19　　❻ 84＋6

3 おはじきを　まやさんは　43こ、あいさんは　39こ　もって　います。2人　あわせて　何(なん)こ　もって　いますか。また、答(こた)えの　たしかめも　しましょう。〔16点〕

【しき】　　【ひっ算】　　【たしかめ】

答え（　　　　）

答えは 66ページ

5 たし算と ひき算の ひっ算(1)

❷ ひき算

／100点

1 つぎの 計算(けいさん)を しましょう。 1つ10〔60点(てん)〕

❶ $\begin{array}{r} 78 \\ -35 \\ \hline \end{array}$　❷ $\begin{array}{r} 93 \\ -83 \\ \hline \end{array}$　❸ $\begin{array}{r} 54 \\ -26 \\ \hline \end{array}$

❹ $\begin{array}{r} 37 \\ -29 \\ \hline \end{array}$　❺ $\begin{array}{r} 70 \\ -\ \ 6 \\ \hline \end{array}$　❻ $\begin{array}{r} 81 \\ -\ \ 9 \\ \hline \end{array}$

2 りょうさんは 80円 もって います。48円の えんぴつを 買(か)うと のこりは 何円(なんえん)ですか。 〔20点〕

【しき】

【ひっ算】

答(こた)え（　　　　）

3 つぎの 計算を ひっ算で しましょう。また、答えを たしかめましょう。 1つ10〔20点〕

❶ 81－45　❷ 90－73

【ひっ算】【たしかめ】【ひっ算】【たしかめ】

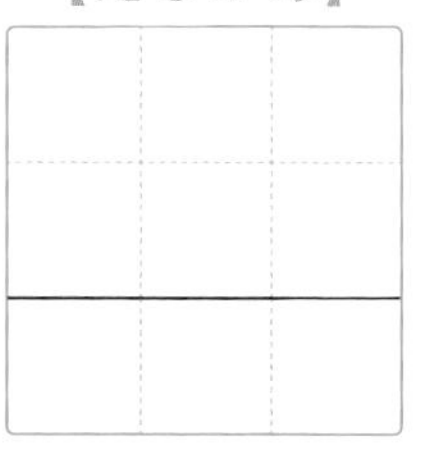

答えは 67ページ

かくにん 8

教科書 ㊤ 55〜59 ページ

月　日

10分

5 たし算と　ひき算の　ひっ算(1)

❷ ひき算

／100点

1 つぎの　計算(けいさん)を　しましょう。　1つ6〔18点(てん)〕

❶
```
  4 7
-   3
```

❷
```
  9 5
- 6 8
```

❸
```
  6 0
- 5 4
```

2 つぎの　計算を　しましょう。　1つ8〔64点〕

❶ 47−45　　❷ 65−5

❸ 92−40　　❹ 26−21

❺ 52−23　　❻ 83−74

❼ 62−8　　❽ 70−3

3 くりを　40こ　もって　います。おとうとに　16こ　あげると　何(なん)こ　のこりますか。また、答(こた)えが　あって　いるかを　たしかめましょう。　〔18点〕

【しき】

【ひっ算】　【たしかめ】

答え（　　　　）

答えは 67ページ

教科書 上 64～71 ページ　　月　　日

見方・考え方を　ふかめよう(1)
ほうかご　何する？

／100点

1 みくさんは、シールを　40まい　もって　いました。友(とも)だちに　何(なん)まいか　もらったので、ぜんぶで　60まいに　なりました。

友だちに　何まい　もらいましたか。

❶ □に　あてはまる　数(かず)を　かきましょう。　□1つ10〔20点(てん)〕

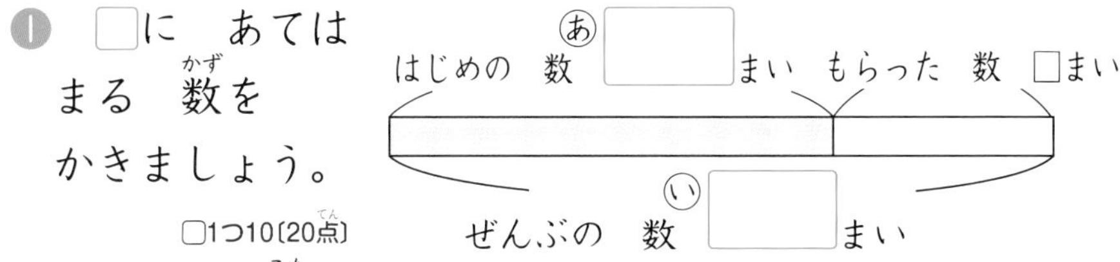

❷ しきと　答(こた)えを　かきましょう。　〔30点〕

【しき】

答え（　　　　）

2 プールで　何人か　およいで　いました。14人　帰(かえ)ったので、のこりが　16人に　なりました。

はじめに　何人　いましたか。

❶ □に　あてはまる　数を　かきましょう。　□1つ10〔20点〕

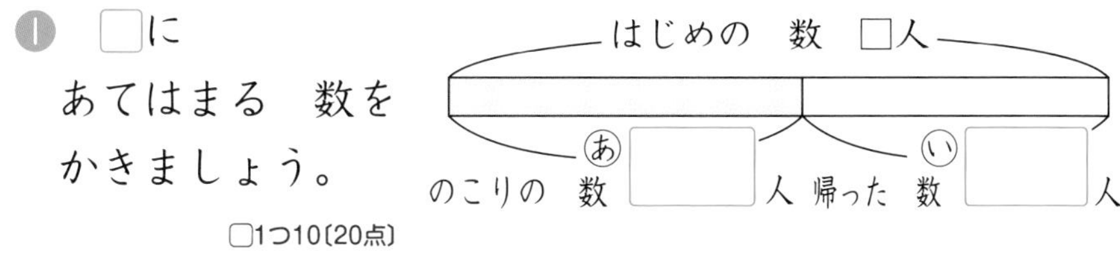

❷ しきと　答えを　かきましょう。　〔30点〕

【しき】

答え（　　　　）

答えは 67ページ

月　　日

見方・考え方を　ふかめよう (1)
ほうかご　何する？

／100点

1 広場で　子どもが　35人　あそんで　いました。その　うちの　何人かが　帰ったので、17人になりました。帰ったのは　何人ですか。〔40点〕

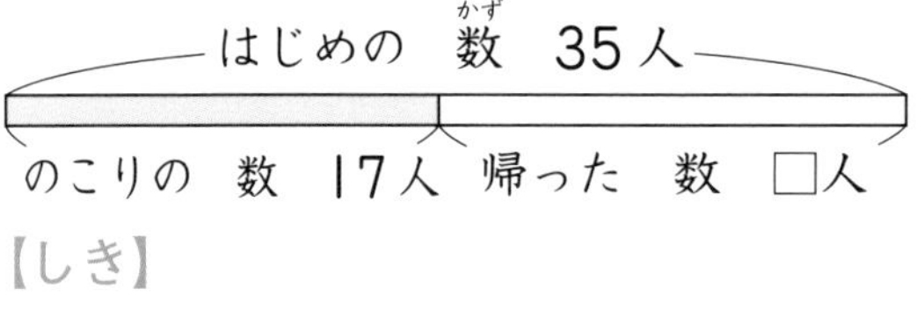

【しき】

答え（　　　　　）

2 もんだい文と　あう　図や　しきを　線で　むすびましょう。〔60点〕

㋐　みかんが　あります。7こ　食べたら、13こ　のこりました。みかんは　何こ　ありましたか。

㋑　みかんが　20こ　あります。何こか　食べたら、13こ　のこりました。何こ　食べましたか。

・　　　　・

・　　　　・

㋒　はじめの　数　20こ
のこりの　数　13こ　　食べた　数　□こ

㋓　はじめの　数　□こ
のこりの　数　13こ　　食べた　数　7こ

・　　　　・

・　　　　・

㋔　13＋7＝20　20こ

㋕　20－13＝7　7こ

答えは
67ページ

教科書 上 72〜79 ページ

月　日

6　100を　こえる　数

❶ 100を　こえる　数①

／100点

1 数字(すうじ)で　かきましょう。　1つ7〔28点(てん)〕

① 八百八　(　　　)　② 五百　(　　　)

③ 七百二十　(　　　)　④ 六百十一　(　　　)

2 □に　あてはまる　数(かず)を　かきましょう。　1つ9〔36点〕

① 716の　百のくらいの　数字は □、十のくらいの　数字は □、一のくらいの　数字は □ です。

② 280は、100を □ こ、10を □ こ　あわせた　数です。

③ 100を　3こ、1を　8こ　あわせた　数は □ です。

④ 1000は　100を □ こ　あつめた　数です。

3 □に　あてはまる　数を　かきましょう。　□1つ6〔36点〕

① 608　Ⓐ□　Ⓘ□　611　612　Ⓤ□　614　615

(あ, い, う)

② 650　Ⓔ□　750　800　Ⓞ□　900　950　Ⓚ□

(え, お, か)

答えは 67ページ

教科書 ㊤ 72～79 ページ

月　　日

6　100を　こえる　数

❶ 100を　こえる　数①

／100点

1 □に　あてはまる　数を　かきましょう。　□1つ8〔40点〕

❶ 10を　39こ　あつめた　数は　□　です。

❷ 470は、10を　□　こ　あつめた　数です。

❸ 659は、100を　□　こ、10を　□　こ、1を　□　こ　あわせた　数です。

2 下の　数の直線を　見て　答えましょう。

①(　)1つ10②～④1つ10〔60点〕

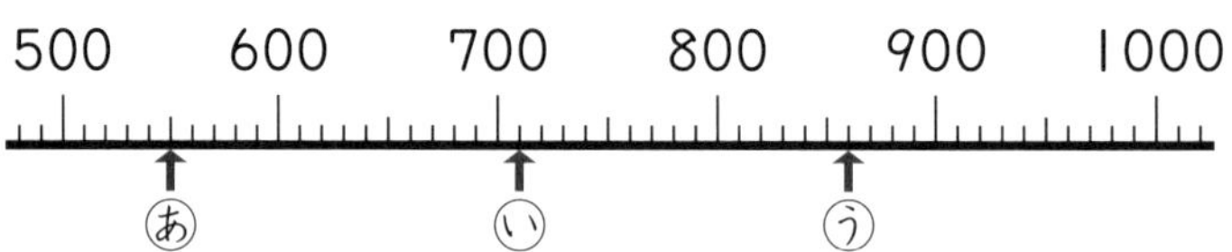

❶ あ、い、うに　あたる　数は　何ですか。

あ(　　　)　い(　　　)　う(　　　)

❷ 900は　あと　いくつで　1000に　なりますか。

(　　　)

❸ 1000より　10　小さい　数は　何ですか。

(　　　)

❹ 970を　あらわす　目もりに、↑を　かきましょう。

答えは 67ページ

6 100を こえる 数

❶ 100を こえる 数 ②
❷ たし算と ひき算

／100点

1 □に あてはまる 数を かきましょう。　□1つ5〔20点〕

❶ 60＋70 の 計算は、10が ㋐□＋7と 考え、答えは、10が 13こで ㋑□です。

⑩⑩⑩⑩⑩⑩ ⑩⑩⑩⑩⑩⑩⑩

❷ 120－80 の 計算は、10が 12－㋒□と 考え、答えは、10が 4こで ㋓□です。

⑩⑩⑩⑩ ⑩⑩⑩⑩⑩⑩⑩⑩

2 つぎの 計算を しましょう。　1つ10〔60点〕

❶ 40＋70　❷ 140－60

❸ 300＋600　❹ 800－300

❺ 800＋200　❻ 1000－400

3 □に あてはまる ＞、＜を かきましょう。　1つ5〔20点〕

❶ 397 □ 405　❷ 687 □ 678

❸ 809 □ 801　❹ 101 □ 110

答えは 67ページ

月　日

6 100を　こえる　数

❶ 100を　こえる　数②

❷ たし算と　ひき算

／100点

1 つぎの　計算を　しましょう。　1つ8〔48点〕

❶ 90＋40　　❷ 160−80

❸ 200＋500　　❹ 700−400

❺ 400＋600　　❻ 1000−500

2 色紙が　140まい　あります。70まい　つかうと、のこりは　何まいに　なりますか。　〔10点〕

【しき】

答え（　　　　）

3 やまとさんは、60円の　けしゴムと　90円の　えんぴつを　買いました。あわせて　何円でしたか。〔10点〕

【しき】

答え（　　　　）

4 □に　あてはまる　＞、＜、＝を　かきましょう。　1つ8〔32点〕

❶ 60＋30 □ 100　　❷ 60＋50 □ 100

❸ 100 □ 170−60　　❹ 100 □ 170−70

答えは
67ページ

きほん 12

7 かさ

／100点

1 水とうに はいる 水の かさを、1dLますで はかりました。水の かさは どれだけですか。 1つ10〔20点〕

❶   (　　　)

❷  (　　　)

2 □に あてはまる 数を かきましょう。 1つ10〔20点〕

❶ 1L＝□mL　　❷ 80dL＝□L

3 □に あてはまる 数を かきましょう。 1つ10〔40点〕

❶ 3L＋2L4dL＝□L□dL

❷ 5L3dL－2L＝□L□dL

❸ 4L3dL＋6dL＝□L□dL

❹ 6L8dL－7dL＝□L□dL

4 □に あてはまる かさの たんいを かきましょう。 1つ10〔20点〕

❶ ふろの よくそうに はいった 水……200□

❷ かんに はいった ジュース…………250□

答えは 68ページ

教科書 ㊤ 87～93 ページ

月　　日

10分

7 かさ

／100点

1 つぎの　水の　かさは　どれだけですか。　1つ10〔20点〕

❶ 

（　　　　）

❷ 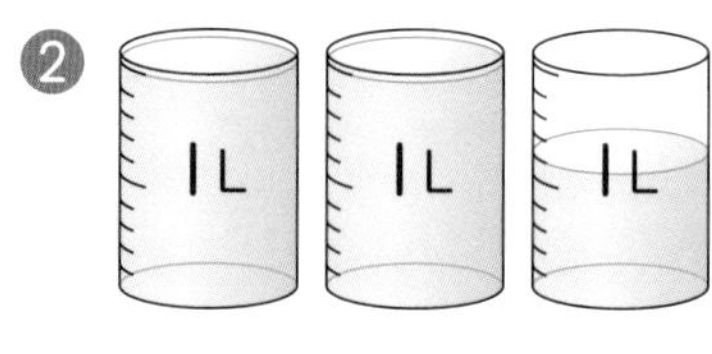

（　　　　）

2 □に　あてはまる　数を　かきましょう。　1つ10〔40点〕

❶ 4dL＝□mL

❷ 600mL＝□dL

❸ 49dL＝□L□dL

❹ 5L3dL＝□dL

3 □に　あてはまる　数を　かきましょう。　1つ10〔40点〕

❶ 2L3dL＋3L＝□L□dL

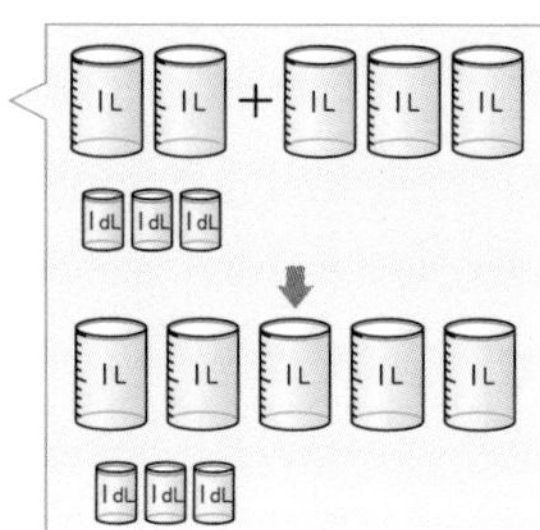

❷ 6L4dL－4L＝□L□dL

❸ 5dL＋5L5dL＝□L

❹ 3L6dL－6dL＝□L

答えは
68ページ

教科書 ㊤ 102～105 ページ　　月　　日

きほん 13

10分

8　たし算と　ひき算の　ひっ算(2)

❶ たし算

／100点

1 つぎの　計算(けいさん)を　しましょう。　1つ8〔48点(てん)〕

❶ $\begin{array}{r} 97 \\ +22 \\ \hline \end{array}$　❷ $\begin{array}{r} 37 \\ +90 \\ \hline \end{array}$　❸ $\begin{array}{r} 60 \\ +45 \\ \hline \end{array}$

❹ $\begin{array}{r} 66 \\ +78 \\ \hline \end{array}$　❺ $\begin{array}{r} 46 \\ +57 \\ \hline \end{array}$　❻ $\begin{array}{r} 4 \\ +96 \\ \hline \end{array}$

2 りかさんは、84円の　チョコレートと　30円の　ガムを　買(か)いました。あわせて　何円(なんえん)でしたか。　〔16点〕

【しき】

【ひっ算】

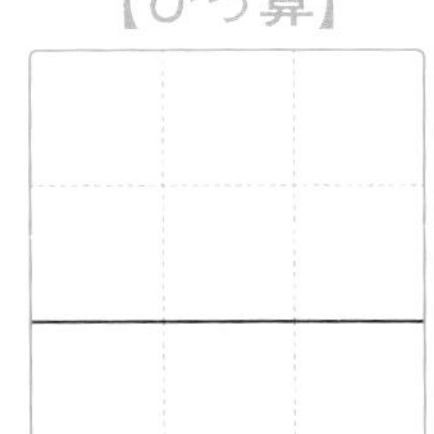

答(こた)え（　　　　）

3 つぎの　計算を　しましょう。　1つ12〔36点〕

❶ $\begin{array}{r} 15 \\ 32 \\ +41 \\ \hline \end{array}$　❷ $\begin{array}{r} 73 \\ 18 \\ +56 \\ \hline \end{array}$　❸ $\begin{array}{r} 34 \\ 58 \\ +79 \\ \hline \end{array}$

答えは 68ページ

教科書 ㊤ 102〜105 ページ

月　日

10分

8 たし算と ひき算の ひっ算(2)

❶ たし算

／100点

1 つぎの 計算(けいさん)を しましょう。 1つ8〔48点(てん)〕

❶ 54＋65　❷ 90＋43

❸ 79＋87　❹ 64＋36

❺ 47＋55　❻ 8＋92

2 れおさんの クラスでは、ミニトマトを きのうは 95こ、今日(きょう)は きのうより 8こ 多(おお)く とりました。今日は 何(なん)こ とりましたか。 〔16点〕

【しき】

【ひっ算】

答(こた)え（　　　）

3 つぎの 計算を しましょう。 1つ12〔36点〕

❶ 36＋40＋22　❷ 54＋38＋63　❸ 27＋66＋78

答えは 68ページ

月　　日

10分

8 たし算と ひき算の ひっ算(2)

❷ ひき算

／100点

1 つぎの 計算(けいさん)を しましょう。 1つ8〔48点(てん)〕

❶
$$\begin{array}{r} 136 \\ -\ \ 74 \\ \hline \end{array}$$

❷
$$\begin{array}{r} 106 \\ -\ \ 36 \\ \hline \end{array}$$

❸
$$\begin{array}{r} 154 \\ -\ \ 65 \\ \hline \end{array}$$

❹
$$\begin{array}{r} 180 \\ -\ \ 83 \\ \hline \end{array}$$

❺
$$\begin{array}{r} 105 \\ -\ \ 37 \\ \hline \end{array}$$

❻
$$\begin{array}{r} 101 \\ -\ \ \ 5 \\ \hline \end{array}$$

2 つぎの 計算を しましょう。 1つ8〔32点〕

❶ 162−72　　❷ 143−85

❸ 130−39　　❹ 100−6

3 えんぴつが 108本 あります。29人の 子どもに 1本ずつ くばりました。えんぴつは 何本(なんぼん) のこって いますか。 〔20点〕

【しき】

【ひっ算】

答(こた)え（　　　　）

答えは 68ページ

月　　日

8 たし算と　ひき算の　ひっ算(2)

❷ ひき算

／100点

1 つぎの　計算(けいさん)を　しましょう。　1つ10〔80点(てん)〕

❶ 167−76　　❷ 143−71

❸ 108−92　　❹ 123−45

❺ 176−87　　❻ 150−59

❼ 102−77　　❽ 104−6

2 ひなさんは、37円の　えんぴつと　45円の　ノートを　買(か)うので、100円を　出しました。　1つ10〔20点〕

❶ えんぴつと　ノートは　あわせて　何円(なんえん)ですか。

【しき】

答(こた)え（　　　　）

❷ おつりは　何円ですか。

【しき】

【ひっ算】

答え（　　　　）

答えは 68ページ

きほん 15

教科書 ㊤ 111 ページ　　月　　日

8 たし算と　ひき算の　ひっ算(2)

❸ 大きい　数の　ひっ算

／100点

1 つぎの　計算(けいさん)を　しましょう。　1つ8〔32点(てん)〕

❶

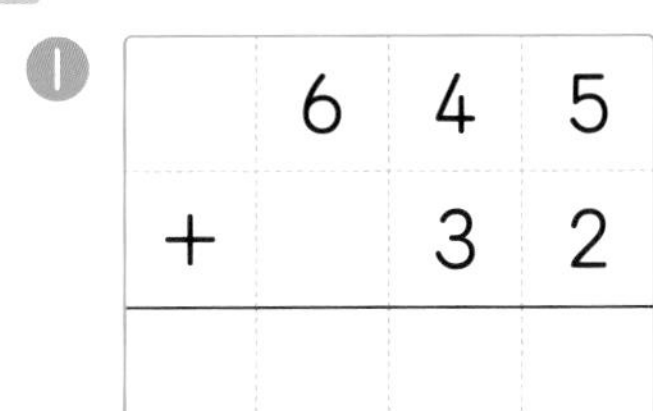

	6	4	5
+		3	2

❷

		2	7
+	3	4	8

❸

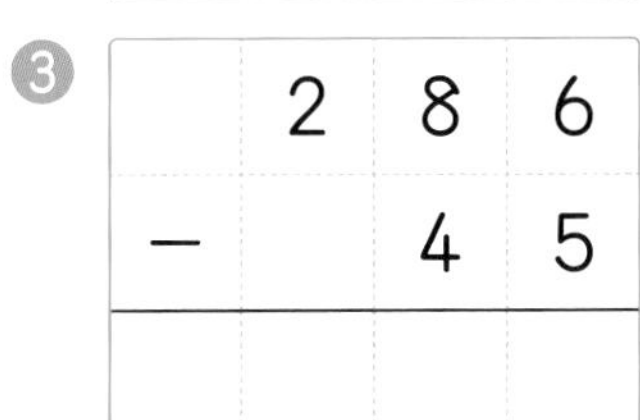

	2	8	6
−		4	5

❹

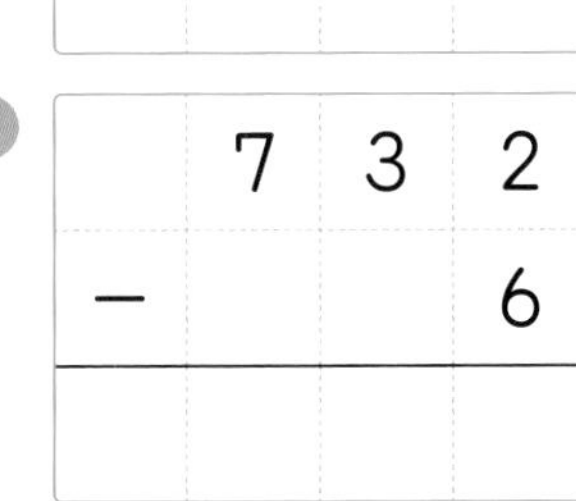

	7	3	2
−			6

2 つぎの　計算を　しましょう。　1つ8〔48点〕

❶ $746 + 21$

❷ $507 + 48$

❸ $9 + 921$

❹ $456 - 34$

❺ $681 - 33$

❻ $853 - 7$

3 435円の　本と　62円の　ノートを　買(か)います。あわせて　何円(なんえん)ですか。〔20点〕

【しき】

【ひっ算】

答(こた)え（　　　　　　）

答えは
68ページ

かくにん 15

8 たし算と ひき算の ひっ算(2)

❸ 大きい 数の ひっ算

1 つぎの 計算(けいさん)を しましょう。 1つ7〔42点(てん)〕

❶
$$\begin{array}{r} 864 \\ +\ \ 35 \\ \hline \end{array}$$

❷
$$\begin{array}{r} 68 \\ +409 \\ \hline \end{array}$$

❸
$$\begin{array}{r} 303 \\ +\ \ \ \ 7 \\ \hline \end{array}$$

❹
$$\begin{array}{r} 687 \\ -\ \ 31 \\ \hline \end{array}$$

❺
$$\begin{array}{r} 591 \\ -\ \ 46 \\ \hline \end{array}$$

❻
$$\begin{array}{r} 742 \\ -\ \ \ \ 4 \\ \hline \end{array}$$

2 つぎの 計算を しましょう。 1つ7〔42点〕

❶ 41＋736　　❷ 604＋89

❸ 6＋547　　❹ 465－32

❺ 985－68　　❻ 312－5

3 色紙(いろがみ)が 284まい あります。48まい つかうと 何(なん)まいのこりますか。 〔16点〕

【しき】

【ひっ算】

答(こた)え（　　　　）

答えは 68ページ

9 しきと 計算

／100点

1 16+7+3の 計算を する とき、しおんさんは 7+3を 先に 計算しました。 1つ15〔30点〕

❶ しおんさんの 考えに あうように、下の しきに ( )を かきましょう。

16 + 7 + 3

❷ しおんさんの 考えで 計算して、答えを もとめましょう。

(　　　)

2 58+4+6を じゅんに たす しかたと、**1**の しかたの 2とおりの しかたで 計算しましょう。

❶ じゅんに たす しかた 1つ15〔30点〕

(　　　)

❷ **1**の しかた

(　　　)

3 公園に 17人 います。大人が 5人、子どもが 15人 きました。ぜんぶで 何人に なりましたか。

〔40点〕

【しき】

答え(　　　)

答えは 69ページ

月　日

9　しきと　計算

／100点

1 つぎの　計算(けいさん)を　しましょう。　1つ8〔64点(てん)〕

❶ 37＋(4＋6)　❷ 15＋(8＋2)

❸ 76＋(12＋8)　❹ 25＋(2＋3)

❺ 29＋(3＋7)　❻ 55＋(3＋2)

❼ 42＋(17＋3)　❽ 13＋(4＋16)

2 ゆうさんは　カードを　39まい　もって　いました。友(とも)だちから　15まい、お兄(にい)さんから　5まい　もらいました。カードは　何(なん)まいに　なりましたか。

1つ12〔36点〕

❶ もらった　数(かず)を　まとめて　考(かんが)える　しかたで　かいた　しきは　どちらですか。

㋐ 39＋15＋5

㋑ 39＋(15＋5)

(　　　　)

❷ ❶の　㋐の　しきを　計算して　答(こた)えを　もとめましょう。

(　　　　)

❸ ❶の　㋑の　しきを　計算して　答えを　もとめましょう。

(　　　　)

答えは 69ページ

教科書 ㊦ 2〜11 ページ　　月　　日

10 かけ算(1)

❶ いくつ分と　かけ算

❷ 何ばいと　かけ算

／100点

1 右の　絵を　見て　答えましょう。

① リフト　1台に　何人ずつ　のって　いますか。〔10点〕　（　　　）

② つぎの　数の　リフトに　のって　いるのは、それぞれ　何人ですか。　1つ15〔30点〕

㋐ 3台分（　　　）　㋑ 5台分（　　　）

③ 6台分に　のって　いる　人数を　もとめる　かけ算の　しきと　答えを　かきましょう。〔15点〕

2 × □ = □　　答え □ 人

1つ分の 数　いくつ分　ぜんぶの 数

2 つぎの　ものの　3ばいは、何こですか。かけ算の　しきに　かいて　答えを　もとめましょう。　1つ15〔45点〕

① 　□ × □ = □　□ こ

② 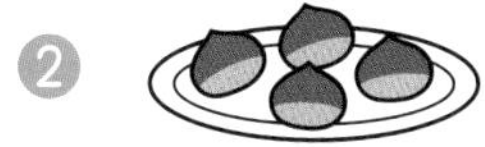　□ × □ = □　□ こ

③ 　□ × □ = □　□ こ

答えは 69ページ

教科書 ㊦ 2〜11 ページ

月　　日

10　かけ算 (1)

❶ いくつ分と　かけ算

❷ 何ばいと　かけ算

／100点

1 1パックに　プリンが　3こずつ　はいって　います。2パック分の　プリンの　数を　あらわす　しきは　どれですか。〔20点〕

㋐ 2×2　　㋑ 3×2

㋒ 2×3　　㋓ 3×3

（　　　）

2 □に　あてはまる　数を　かきましょう。　1つ20〔40点〕

❶ 4×5の　答えは、4＋4＋4＋4＋□の　計算で　もとめられ、□に　なります。

❷ 7×3の　答えは、□＋□＋□の　計算で　もとめられ、□に　なります。

3 かけ算の　しきに　かいて　答えを　もとめましょう。

❶ 5人の　3ばいは　何人ですか。　1つ20〔40点〕

【しき】　　答え（　　　）

❷ 2本の　6ばいは　何本ですか。

【しき】　　答え（　　　）

答えは
69ページ

月　日

10分

10 かけ算(1)

❸ かけ算の　九九 ①

／100点

1 バナナは　ぜんぶで　何本(なんぼん)　ありますか。かけ算(ざん)の しきに　かきましょう。　1つ10〔30点〕

❶ 　5×2＝□

❷ 　5×□＝□

❸ 　□×□＝□

2 ケーキが　1さらに　2こずつ のって　います。　1つ15〔30点〕

❶ 3さら分(ぶん)の　ケーキの　数(かず)を、かけ算で　もとめましょう。

【しき】 2×□＝□　答(こた)え（　　　）

❷ 4さら分の　ケーキの　数を、かけ算で　もとめましょう。

【しき】　答え（　　　）

3 つぎの　計算(けいさん)を　しましょう。　1つ10〔40点〕

❶ 5×6　❷ 2×5

❸ 5×9　❹ 2×7

答えは 69ページ

月　日

10　かけ算 (1)

❸ かけ算の　九九 ①

／100点

1 つぎの　カードの　上の　しきに　あう　答(こた)えを、下から　えらんで　線(せん)で　むすびましょう。　1つ10〔40点(てん)〕

❶ 2×6　❷ 5×7　❸ 5×5　❹ 2×8

㋐ 16　㋑ 25　㋒ 12　㋓ 35

2 あめを　1人に　2こずつ　くばります。7人に　くばるには、あめは　何(なん)こ　いりますか。　〔20点〕

【しき】

答え（　　　　）

3 アイスが　1はこに　5こずつ　はいって　います。　1つ20〔40点〕

❶ 3はこでは　何こに　なりますか。

【しき】

答え（　　　　）

❷ 6はこでは　何こに　なりますか。

【しき】

答え（　　　　）

答えは 69ページ

10　かけ算 (1)

❸ かけ算の　九九 ②

／100点

1 1台の　じどう車に　3人ずつ　のります。

❶ じどう車が　6台の　とき、ぜんぶで　何人　のれますか。〔8点〕

$3×6=$ □　　□人

❷ 7台分から　9台分まで　じゅんに、のれる　人の　数を　もとめましょう。1つ8〔24点〕

㋐ 7台分　$3×7=$ □　　□人

㋑ 8台分　$3×$ □ $=$ □　　□人

㋒ 9台分　□ $×$ □ $=$ □　　□人

❸ じどう車が　1台　ふえると、のれる　人の　数は　何人　多く　なりますか。〔8点〕（　　　）

2 つぎの　計算を　しましょう。1つ10〔60点〕

❶ $4×1$　　❷ $4×3$

❸ $4×7$　　❹ $4×5$

❺ $4×9$　　❻ $4×2$

答えは 69ページ

10　かけ算(1)
❸ かけ算の　九九 ②

／100点

1 □に　あてはまる　数(かず)を　かきましょう。　1つ10〔20点(てん)〕

❶ 3のだんの　九九では、かける数が　1　ふえると、
答(こた)えは　□　ふえます。

❷ □のだんの　九九では、かける数が　1　ふえると、
答えは　4　ふえます。

2 つぎの　カードの　上の　答えに　あう　しきを、
下から　えらんで　線(せん)で　むすびましょう。　1つ10〔40点〕

❶ 16　❷ 32　❸ 15　❹ 12

㋐ 3×4　㋑ 3×5　㋒ 4×4　㋓ 4×8

3 1本　3cmの　リボンを　3本　つくります。
リボンは　何(なん)cm　あれば　よいですか。　〔20点〕

【しき】

答え（　　　　）

4 1日に　4ページずつ　本を　よむと、6日間(かん)では
何ページ　よめますか。　〔20点〕

【しき】

答え（　　　　）

答えは 69ページ

月　　日

11 かけ算(2)

❶ 九九づくり ①

／100点

1 まん中の 数(かず)に、まわりの 数を かけた 答(こた)えを かきましょう。

1つ5〔40点(てん)〕

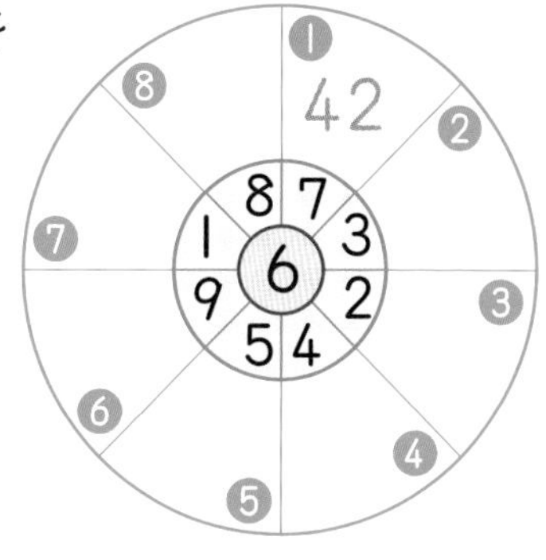

2 6のだんの 九九に ついて 答えましょう。 1つ10〔20点〕

❶ 6のだんの 九九では、かける数が 1 ふえると、答えは いくつ ふえますか。

（　　　　）

❷ 6×6の 答えは 6×5の 答えに いくつ たせば よいですか。

（　　　　）

3 つぎの 計算(けいさん)を しましょう。 1つ5〔40点〕

❶ 7×4　　❷ 7×9

❸ 7×5　　❹ 7×7

❺ 7×3　　❻ 7×6

❼ 7×2　　❽ 7×8

答えは 70ページ

教科書 ㊦ 24〜28 ページ

月　日

10分

11 かけ算(2)

❶ 九九づくり ①

／100点

1 みかんが　7こずつ　6れつ　ならんで　います。
□に　あてはまる　数(かず)を　かいて、2人の　計算(けいさん)の
しかたを　せつめいしましょう。　1つ10〔30点(てん)〕

〔ななみ〕　たし算(ざん)で、

❶ 7＋7＋7＋7＋7＋7＝□

〔りく〕　よこから　見て、6のだん
の　九九で ❷□×7＝❸□

2 □に　あてはまる　数を　かきましょう。　1つ10〔20点〕

❶ 6×8の　答(こた)えは、6×7の　答えより　□　大きい。

❷ 7×9の　答えは、7×8の　答えより　□　大きい。

3 1チーム　6人の　バレーボールの　チームを　4つ
つくるには、ぜんぶで　何人(なんにん)　いれば　よいですか。〔25点〕

【しき】

答え（　　　　）

4 1週間(しゅうかん)は　7日です。2週間は　何日ですか。　〔25点〕

【しき】

答え（　　　　）

答えは
70ページ

月　　日

11 かけ算(2)

❶ 九九づくり ②

／100点

1 まん中の 数(かず)に、まわりの 数を かけた 答(こた)えを かきましょう。

1つ5〔40点(てん)〕

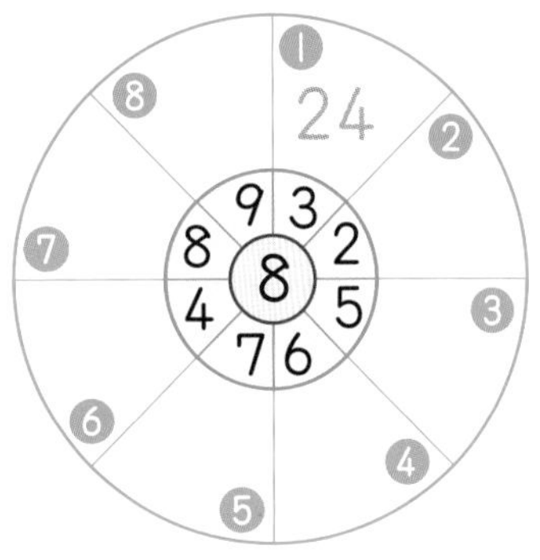

2 しきを かいて 答えを もとめましょう。 1つ15〔30点〕

❶ 1円玉 3まいで 何円(なんえん)に なりますか。

【しき】

答え（　　　　）

❷ あつさ 1cmの 本を 8さつ つみかさねると、高(たか)さは ぜんぶで 何cmに なりますか。

【しき】

答え（　　　　）

3 つぎの 計算(けいさん)を しましょう。 1つ5〔30点〕

❶ 9×2　　　❷ 9×5

❸ 9×7　　　❹ 9×4

❺ 9×9　　　❻ 9×3

答えは 70ページ

教科書 ㊦ 29〜33 ページ

月　　日

10分

11　かけ算(2)

❶ 九九づくり ②

／100点

1 □に あてはまる 数を かきましょう。 1つ10〔20点〕

❶ 8×6の 答えは、8×5の 答えより □ 大きい。

❷ 9×3の 答えは、9×2の 答えより □ 大きい。

2 1まい 8円の 色画用紙が あります。 1つ15〔30点〕

❶ 4まい 買うと、何円に なりますか。

【しき】

答え（　　　　）

❷ 7まい 買うと、何円に なりますか。

【しき】

答え（　　　　）

3 1人に 1本ずつ えんぴつを くばります。9人に くばるには、えんぴつは ぜんぶで 何本 いりますか。

【しき】 〔25点〕

答え（　　　　）

4 子どもが 8人 います。あめを 1人に 9こずつ くばります。あめは ぜんぶで 何こ いりますか。 〔25点〕

【しき】

答え（　　　　）

答えは 70ページ

教科書 ㊦ 35～37 ページ　　月　日

11　かけ算(2)
❷ かけ算を　つかった　もんだい
❸ 図や　しきを　つかって

／100点

1 1まい　8円の　画用紙(がようし)　5まいと、95円の色(いろ)えんぴつを　買(か)います。　1つ20〔40点(てん)〕

❶ 画用紙　5まいでは　何円(なんえん)ですか。

【しき】

答(こた)え（　　　）

❷ みんなで　何円ですか。

【しき】

答え（　　　）

2 1はこ　6こ入りの　ドーナツを、3はこ　もらいました。9こ食(た)べると、何こ　のこりますか。〔30点〕

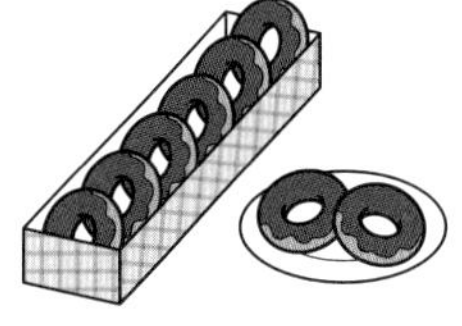

【しき】

答え（　　　）

3 しゃしんを　右のように　アルバムに　はりました。しゃしんは、ぜんぶで　何まいですか。九九を　つかって　くふうして　もとめましょう。　〔30点〕

【しき】

答え（　　　）

答えは
70ページ

教科書 ㊦ 35～37 ページ　　月　　日

11　かけ算(2)

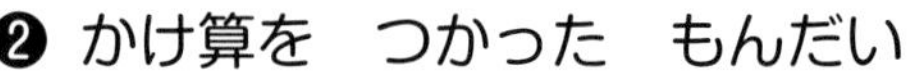

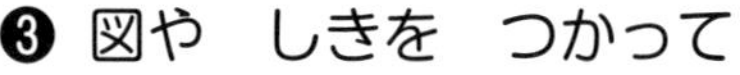

／100点

1 シールが　26まい　あります。友だちに　2まいずつ　6人に　あげると、何まい　のこりますか。〔25点〕

【しき】

答え（　　　　　）

2 クッキーを　やきました。5まいずつ　8人に　あげても、まだ　32まい　あまって　いました。クッキーは、何まい　やきましたか。〔25点〕

【しき】

答え（　　　　　）

3 8人がけの　長いすが　4つ　あります。41人の　子どもが　くると、すわれないのは　何人ですか。〔25点〕

【しき】

答え（　　　　　）

4 右の　はこの　中に　おかしは　何こ　ありますか。かけ算を　つかって　もとめましょう。〔25点〕

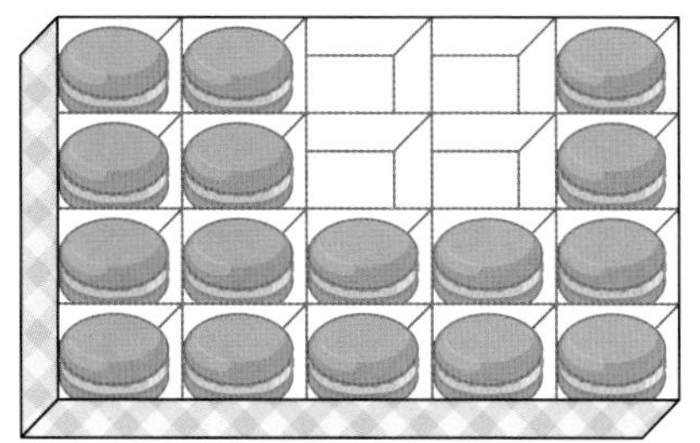

【しき】

答え（　　　　　）

答えは　70ページ

月　　日

12　三角形と　四角形

❶ 三角形と　四角形

／100点

1 直線だけで　かこまれた　形は　どれですか。すべて　えらんで　○を　つけましょう。〔20点〕

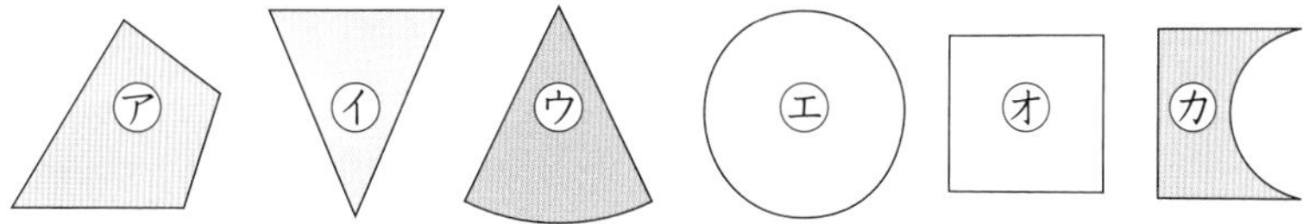

2 □に　あてはまる　ことばを　かきましょう。1つ10〔40点〕

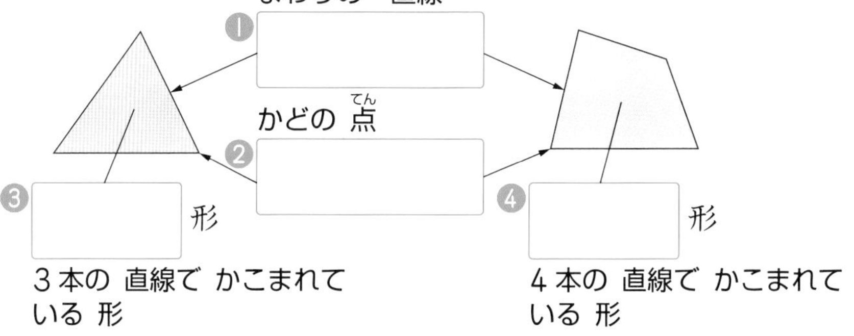

3本の 直線で かこまれて いる 形

4本の 直線で かこまれて いる 形

3 点と　点を　直線で　つないで、つぎの　形を　かんせいさせましょう。1つ20〔40点〕

❶ 三角形を　2つ　　❷ 四角形を　2つ

答えは 70ページ

12　三角形と　四角形
❶ 三角形と　四角形

／100点

1 下の　図で、つぎの　形は　どれですか。それぞれ　すべて　えらびましょう。　1つ20〔60点〕

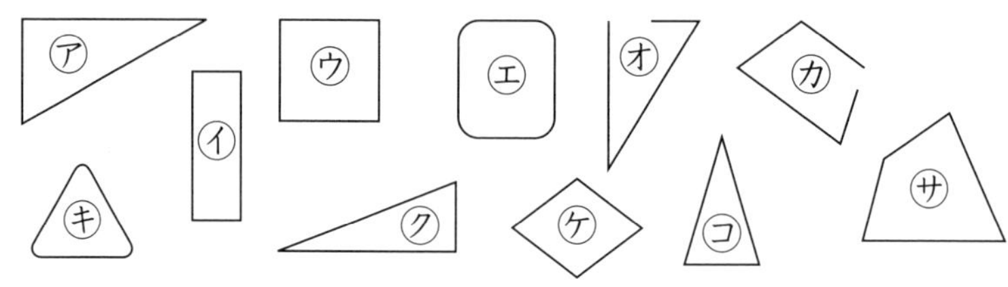

❶　三角形　（　　）

❷　四角形　（　　）

❸　三角形でも　四角形でも　ない　形　（　　）

2 四角形を　❶、❷、❸のように　１本の　直線(—)で　切ると、どんな　形が　できますか。あてはまる　ことばや　数を　かきましょう。　□と（　）1つ8〔40点〕

❶ 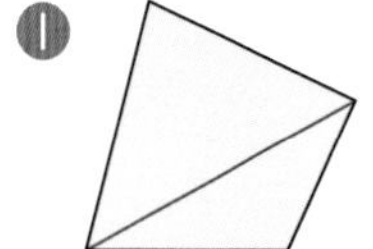
❷ 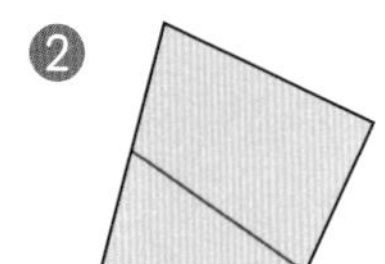
❸ 

❶（　　　）が　２つ。

❷（　　　）が　１つ、四角形が　□　つ。

❸（　　　）が　□　つ。

答えは 70ページ

教科書 ㊦ 46～53 ページ　月　日

12 三角形と 四角形
❷ 長方形と 正方形

／100点

1 右の 三角(さんかく)じょうぎの かどで、直角(ちょっかく)に なって いるのは どこですか。すべて えらびましょう。〔10点(てん)〕

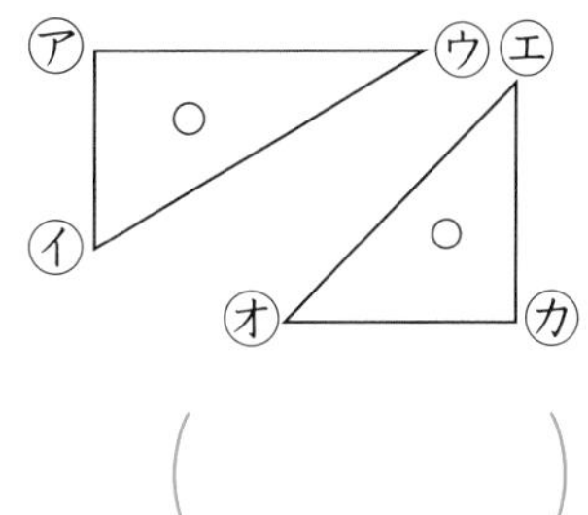

（　　　）

2 （　）に あてはまる ことばを かきましょう。（　）1つ10〔30点〕

❶ 正方形(せいほうけい)は、かどが みんな（　　　）で、（　　　）の 長(なが)さが みんな 同(おな)じ 四角形です。

❷ 1つの かどが 直角に なって いる 三角形を（　　　）と いいます。

3 下の 図(ず)で、長方形(ちょうほうけい)、正方形、直角三角形(ちょっかくさんかくけい)は どれですか。それぞれ すべて えらびましょう。1つ20〔60点〕

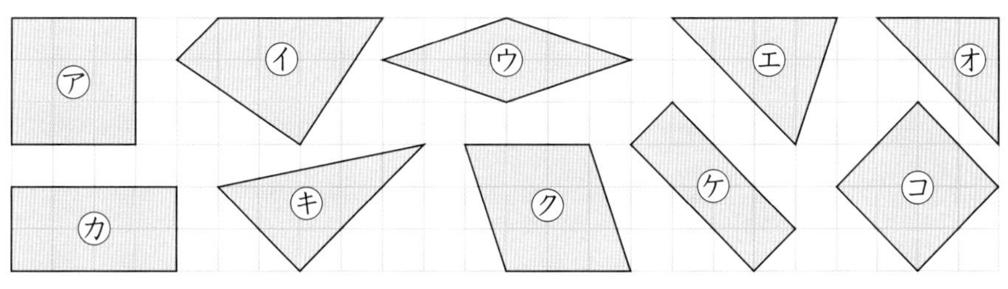

❶ 長方形　（　　　）

❷ 正方形　（　　　）

❸ 直角三角形　（　　　）

答えは 71ページ

かくにん 24

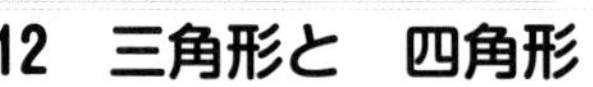

月　　日

12　三角形と　四角形

❷ 長方形と　正方形

／100点

1 下の　方がん紙の　１目もりを　１cm と　して、つぎの　形を　かきましょう。　1つ20〔40点〕

❶ ２つの　辺の　長さが　２cm と　４cm の　長方形

❷ １つの　辺の　長さが　３cm の　正方形

❶

❷

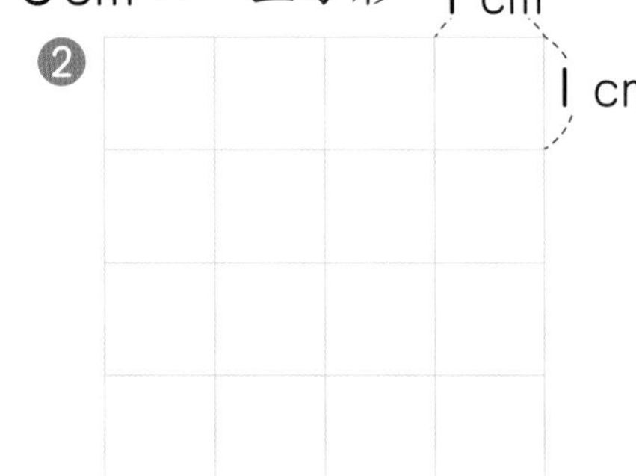

2 右の　図の　四角形は　長方形です。図の　中に　直角三角形は　いくつ　ありますか。　〔20点〕

（　　　　）

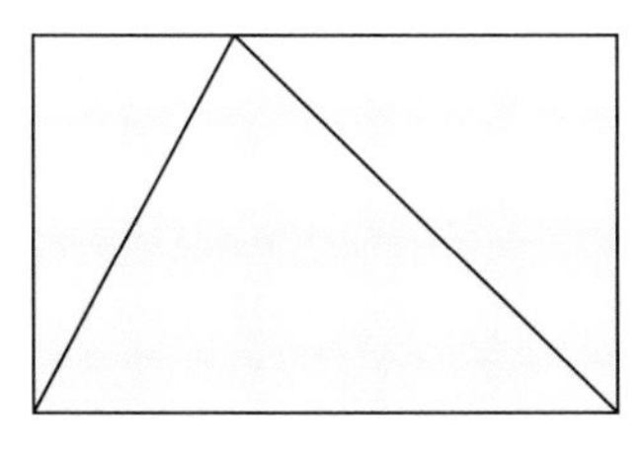

3 下の　図の　□に　あてはまる　数を　かきましょう。　1つ10〔40点〕

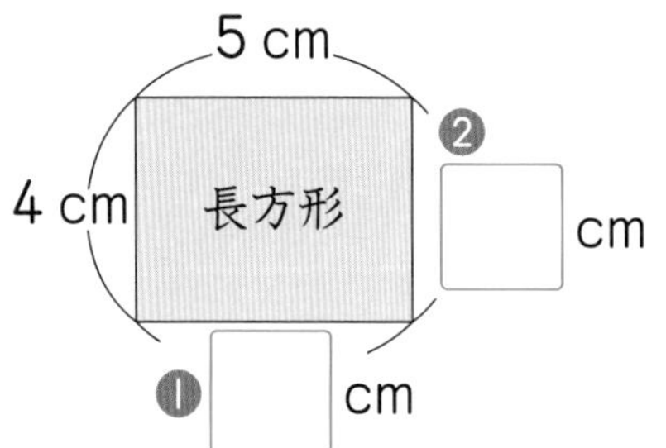

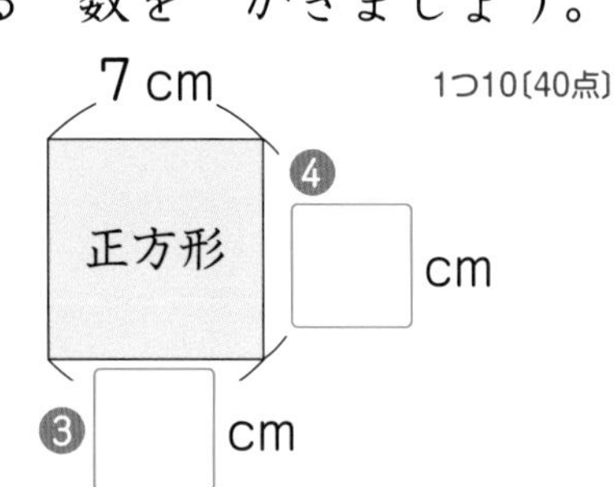

答えは 71ページ

教科書 ㊦ 67〜73 ページ　　月　　日

13　かけ算の　きまり

❶ かけ算の　きまり
❷ かけ算を　広げて

／100点

1 九九の　ひょうを　見て　答(こた)えましょう。

		かける数								
		1	2	3	4	5	6	7	8	9
かけられる数	1	1	2	3	4	5	6	7	8	9
	2	2	4	6	8	10	12	14	16	18
	3	3	6	9	12	15	18	21	24	27
	4	4	8	12	16	20	24	28	32	36
	5	5	10	15	20	25	30	35	40	45
	6	6	12	18	24	30	36	42	48	54
	7	7	14	21	28	35	42	49	56	63
	8	8	16	24	32	40	48	56	64	72
	9	9	18	27	36	45	54	63	72	81

❶ 8のだんの　九九では、かける数(かず)が　1　ふえると、答えは　いくつずつ　ふえますか。〔15点(てん)〕

(　　　　)

❷ 9×7と　答えが　同(おな)じに　なる　かけ算(ざん)を　かきましょう。〔15点〕(　　　　)

❸ 3×5と　答えが　同じに　なる　かけ算を　かきましょう。〔15点〕(　　　　)

❹ 答えが　18に　なる　かけ算を、ぜんぶ　かきましょう。〔25点〕

(　　　　)

❺ 2のだんと　5のだんを　たてに　たすと、答えは　何の　だんと　同じに　なりますか。〔15点〕(　　　　)

❻ 8のだんから　3のだんを　たてに　ひくと、答えは　何の　だんと　同じに　なりますか。〔15点〕(　　　　)

答えは 71ページ

教科書 ㊦ 67〜73 ページ

月　日

13 かけ算の　きまり

❶ かけ算の　きまり
❷ かけ算を　広げて

／100点

1 □に　あてはまる　数(かず)を　かきましょう。　1つ10〔20点(てん)〕

❶ 6×8は、6×9より □ 小さい。

❷ 7×3= □ ×7

2 上と　下で、答(こた)えが　同(おな)じに　なる　カードを、線(せん)で　むすびましょう。　1つ10〔40点〕

❶ 8×2　❷ 8×3　❸ 4×9　❹ 7×6

㋐ 6×6　㋑ 2×8　㋒ 6×7　㋓ 4×6

3 13×3の　答えを　下のように　考(かんが)えて　それぞれ　もとめましょう。　1つ20〔40点〕

❶ 13を □ こ　たすと、13+13+13= □

❷ 13×3=3×13 だから、

3×13= □

		かける数				
かけられる数			9	10	11	12	13
	3		27	30	33	36	

(27→30→33→36→ それぞれ 3 ずつ増える)

答えは 71ページ

月　　日

14　100cm を　こえる　長さ

／100点

1 □に　あてはまる　長(なが)さの　たんいを　かきましょう。　1つ10〔40点(てん)〕

❶ えんぴつの　長さ　……………　14 □

❷ ろうかの　長さ　………………　28 □

❸ つくえの　高(たか)さ　………………　67 □

❹ プールの　たての　長さ　……　25 □

2 □に　あてはまる　数(かず)を　かきましょう。　1つ10〔40点〕

❶ 2m＝□cm　❷ 340cm＝□m□cm

❸ 600cm＝□m　❹ 708cm＝□m□cm

3 下のような　はこが　あります。はこの　たての　長さと、よこの　長さと、高さを　たして　1mを　こえるのは、㋐と　㋑の　どちらですか。　〔20点〕

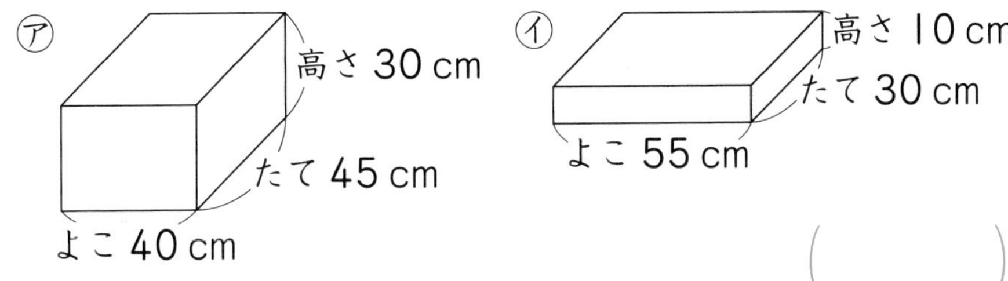

（　　　）

答えは 71ページ

教科書 ㊦ 76〜81 ページ

月　日

10分

14　100cm を　こえる　長さ

／100点

1 □に　あてはまる　数(かず)を　かきましょう。　1つ10〔20点(てん)〕

❶ 295cm＝□m□cm

❷ 6m75cm＝□cm

2 つぎの　計算(けいさん)を　しましょう。　1つ16〔48点〕

❶ 3m20cm＋60cm　（　　　）

❷ 2m70cm－40cm　（　　　）

❸ 7m30cm－30cm　（　　　）

3 みゆきさんは、1m60cm の　リボンと　20cm の　リボンを　もって　います。　1つ16〔32点〕

❶ 2本の　リボンを　つなぐと、何(なん)m何cm ですか。

【しき】

答(こた)え（　　　）

❷ 2本の　リボンの　長(なが)さの　ちがいは、何m何cm ですか。

【しき】

答え（　　　）

答えは
71ページ

月　　日

15　1000 を　こえる　数
(1000 を　こえる　数 ①)

／100点

1 紙(かみ)は　何(なん)まい　ありますか。
数(かず)を　数字(すうじ)で　かきましょう。　1つ15〔30点(てん)〕

① 

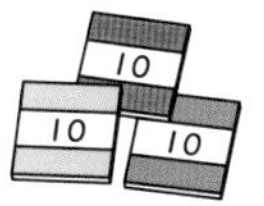

(　　　　)まい

② 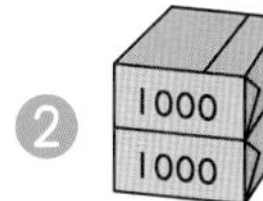

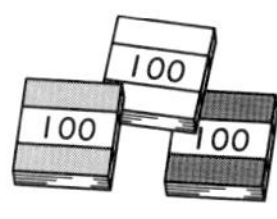

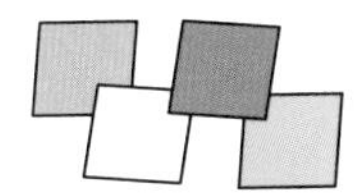
(　　　　)まい

2 3875について、つぎの　数字を　かきましょう。　1つ5〔20点〕

① 千のくらい (　　　)　② 百のくらい (　　　)

③ 十のくらい (　　　)　④ 一のくらい (　　　)

3 つぎの　数を　かきましょう。　1つ15〔30点〕

① 1000を　3こ、100を　2こ、10を　7こ、1を　8こ　あわせた　数 (　　　)

② 1000を　5こ、10を　9こ、1を　5こ　あわせた　数 (　　　)

4 □に　あてはまる　数を　かきましょう。　1つ10〔20点〕

① 100を　15こ　あつめた　数は  です。

② 2700は、100を  こ　あつめた　数です。

答えは
71ページ

月　　日

10分

15　1000を　こえる　数
（1000を　こえる　数①）

／100点

1 数字(すうじ)で　かきましょう。　1つ10〔40点(てん)〕

❶ 千五百七十三　（　　　）

❷ 四千三百九　（　　　）

❸ 三千七百六十四　（　　　）

❹ 六千二　（　　　）

2 □に　あてはまる　数(かず)を　かきましょう。　1つ12〔36点〕

❶ 2857は、1000を □ こ、100を □ こ、10を □ こ、1を □ こ　あわせた　数です。

❷ 6900は　100を □ こ　あつめた　数です。

❸ 1000を　7こ　あつめた　数は □ で、これは、100を □ こ　あつめた　数です。

3 いくつですか。数字で　かきましょう。　1つ12〔24点〕

❶
	100	100	100				
	100	100	100	100	1	1	
1000	100	100	100	100	1	1	1

（　　　）

❷
	100	100	100	10	10	10	1	1	1		
1000	100	100	100	10	10	10	1	1	1		
1000	100	100	100	10	10	10	1	1	1	1	1

（　　　）

答えは
71ページ

教科書 ㊦ 90〜91 ページ　　月　　日

10分

15　1000を　こえる　数（1000を　こえる　数②）

／100点

1 □に　あてはまる　数（かず）や　ことばを　かきましょう。　1つ10〔30点（てん）〕

❶ 9999の　つぎの　数は　□　です。

❷ 9000は　あと　□　で　10000に　なります。

❸ 10000は　かん字で　かくと　□　です。

2 下の　数の直線（ちょくせん）を　見て　答（こた）えましょう。

5000　6000　7000　8000　9000　10000

Ⓐ　Ⓘ　Ⓤ

あ　い　う

❶ いちばん　小さい　１目もりは　いくつですか。　〔10点〕　（　　）

❷ あ、い、うに　あたる　数は　何（なん）ですか。　1つ10〔30点〕

あ（　　）　い（　　）　う（　　）

❸ 8900を　あらわす　目もりに、↑を　かきましょう。　〔10点〕

3 □に　あてはまる　>、<を　かきましょう。　1つ5〔20点〕

❶ 7000 □ 6909　　❷ 4567 □ 4675

❸ 5039 □ 5048　　❹ 8416 □ 8412

答えは72ページ

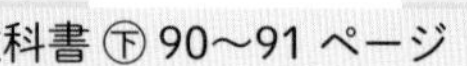

月　日

15 1000を こえる 数 (1000を こえる 数②)

／100点

1 つぎの 数(かず)を かきましょう。　1つ10〔40点(てん)〕

❶ 8899より 1 大きい 数　（　　　）

❷ 6000より 1 小さい 数　（　　　）

❸ 10000より 10 小さい 数　（　　　）

❹ 10を 1000こ あつめた 数　（　　　）

2 □に あてはまる 数を かきましょう。　□1つ5〔40点〕

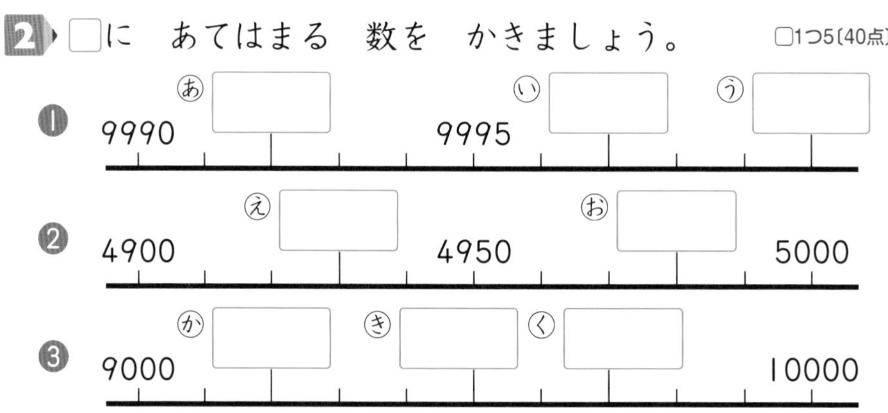

3 □に あてはまる ＞、＜を かきましょう。　1つ5〔20点〕

❶ 6023 □ 6230　❷ 3807 □ 3087

❸ 4501 □ 4510　❹ 9090 □ 9009

答えは 72ページ

教科書 ㊦ 95～100 ページ　　月　　日

16　はこの　形

❶ はこの　形

❷ はこづくり

／100点

1 右の　はこの　形に　ついて　答えましょう。　1つ15〔45点〕

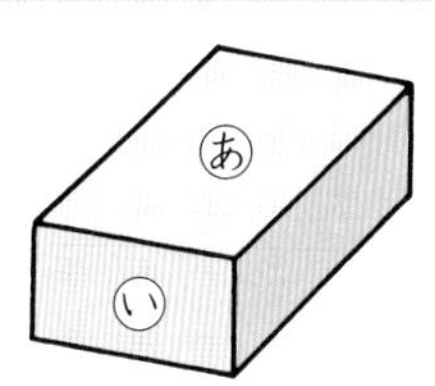

① 面は　いくつ　ありますか。　（　　　）

② ㋐の　面の　形は　何と　いう　四角形ですか。　（　　　）

③ ㋑と　同じ　形の　面は、㋑の　ほかに　いくつ　ありますか。　（　　　）

2 右の　図を　組み立てると、下の　㋐～㋒の　どの　はこが　できますか。〔15点〕

㋐ 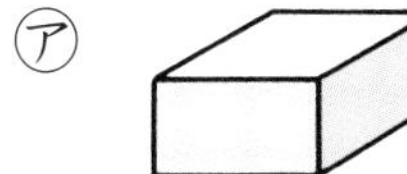　㋑ 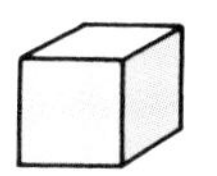　㋒ 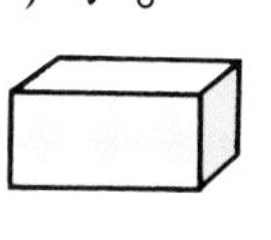

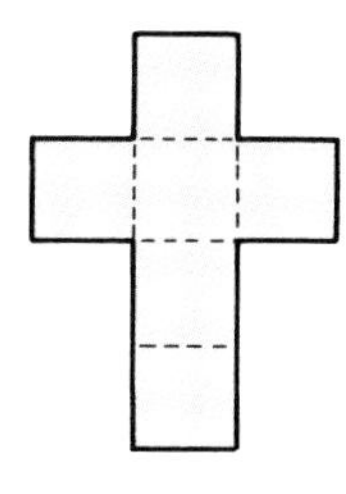

（　　　）

3 ひごと　ねんど玉を　つかって、右のような　はこの　形を　つくります。　1つ20〔40点〕

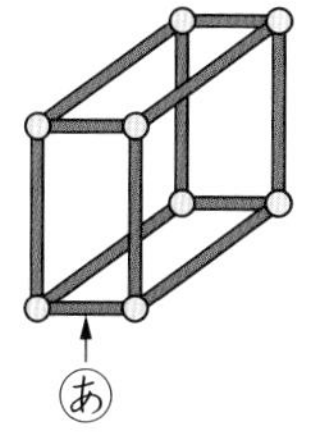

① ねんど玉は、何こ　いりますか。　（　　　）

② ㋐と　同じ　長さの　ひごは、ぜんぶで　何本　いりますか。　（　　　）

答えは
72ページ

教科書 下 95〜100 ページ

月　　日

16　はこの　形

❶ はこの　形

❷ はこづくり

／100点

1 右の　はこの　形(かたち)に　ついて　答(こた)えましょう。　1つ15〔30点(てん)〕

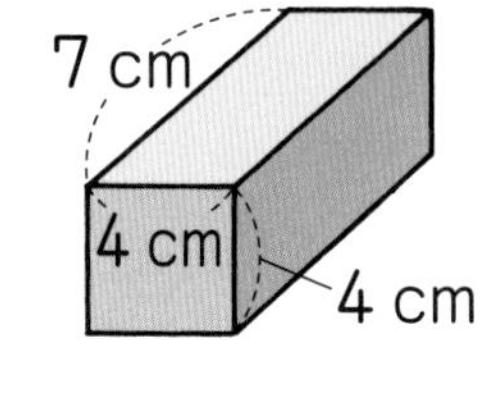

❶ 正方形(せいほうけい)の　面(めん)は　いくつ　ありますか。　(　　　)

❷ 辺(へん)は　いくつ　ありますか。　(　　　)

2 右の　図(ず)は、はこを　切(き)りひらいて、辺の　長(なが)さを　しらべて　かいた　ものです。切りひらく　前(まえ)の　はこの　形を　考(かんが)えて、答えましょう。　(　)1つ14〔70点〕

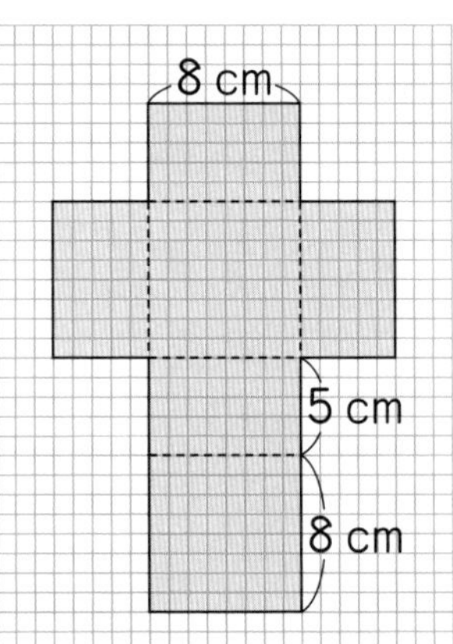

❶ ちょう点(てん)は　いくつ　ありましたか。　(　　　)

❷ 長方形(ちょうほうけい)の　面は　いくつ　ありましたか。　(　　　)

❸ 正方形の　面は　いくつ　ありましたか。　(　　　)

❹ つぎの　長さの　辺は　いくつ　ありましたか。

㋐ 5cm(　　　)　　㋑ 8cm(　　　)

答えは 72ページ

17 分数

／100点

1 色(いろ)を　ぬった　ところが　もとの　大きさの　$\frac{1}{2}$ に　なって　いる　図(ず)は　どれですか。〔20点(てん)〕

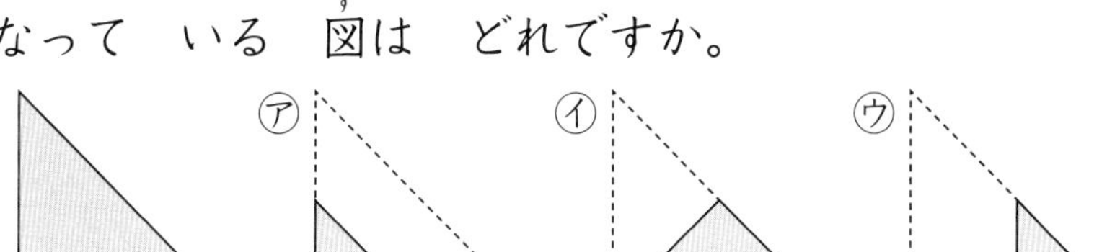

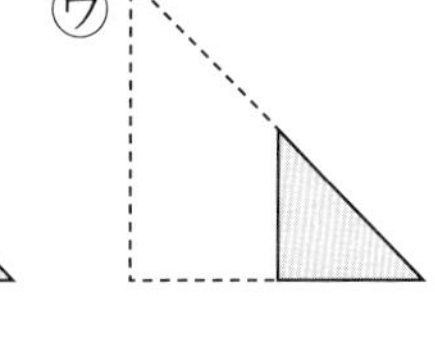

（　　　）

2 テープの　$\frac{1}{3}$ の　大きさに　色を　ぬりましょう。　1つ20〔40点〕

❶

❷

3 □に　あてはまる　数(かず)を　かきましょう。　1つ20〔40点〕

❶ 12この　$\frac{1}{4}$ の　大きさは

□こです。

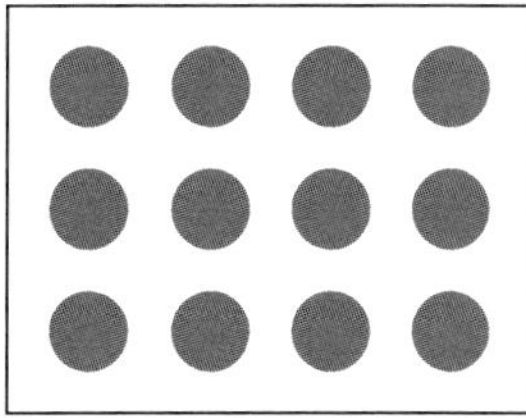

❷ 8この　$\frac{1}{4}$ の　大きさは

□こです。

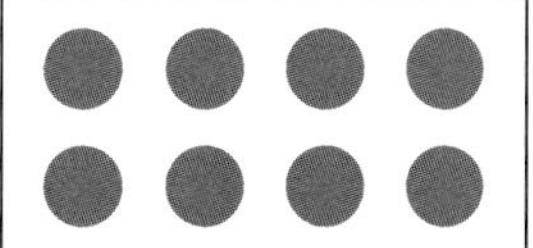

答えは 72ページ

教科書 ㊦ 103～109 ページ　　月　　日　　10分

17 分 数

／100点

1 つぎの 図を 見て 答えましょう。　1つ15〔60点〕

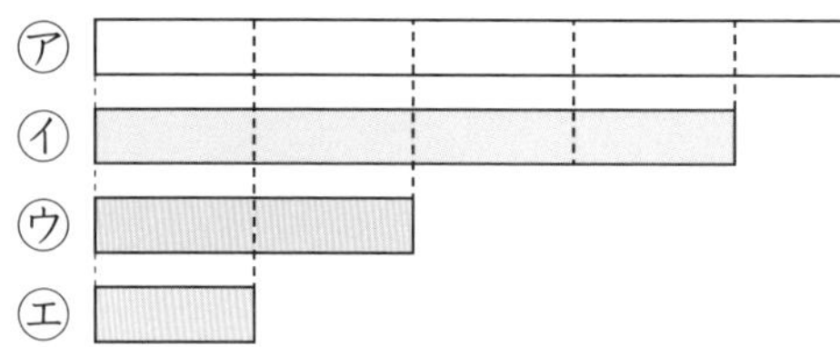

❶ テープ㋐の $\frac{1}{4}$の 大きさの テープは、□です。

❷ テープ㋐は、テープ㋑の □ばいの 大きさです。

❸ テープ□の $\frac{1}{2}$の 大きさの テープは、㋒です。

❹ テープ□の 8ばいの 大きさの テープは、㋐です。

2 □に あてはまる 数を かきましょう。　1つ20〔40点〕

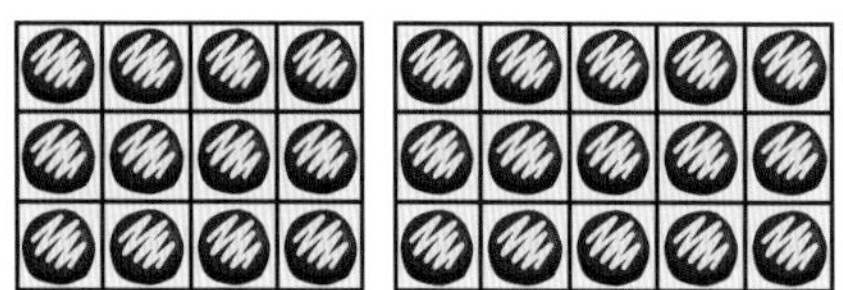

❶ 12こ入りの おかしを 3人で 分けると、
1人分は、12この $\frac{1}{3}$なので □こです。

❷ 15こ入りの おかしを 3人で 分けると、
1人分は、15この $\frac{1}{3}$なので □こです。

答えは 72ページ

教科書全ページ

月　日

もう　すぐ　3年生
力だめし①

／100点

1 つぎの　数(かず)を　かきましょう。　1つ4〔12点(てん)〕

❶ 1000を　5こ、10を　8こ　あわせた　数　（　　）

❷ 10を　29こ　あつめた　数　（　　）

❸ 1000を　10こ　あつめた　数　（　　）

2 つぎの　計算(けいさん)を　しましょう。　1つ6〔36点〕

❶ 27＋48　❷ 68＋85　❸ 76＋27

❹ 91－67　❺ 105－97　❻ 162－77

3 いま　午後(ごご)4時(じ)40分(ぷん)です。つぎの　時こくを　かきましょう。　1つ8〔16点〕

❶ 30分前(まえ)　（　　）

❷ 30分あと　（　　）

4 つぎの　計算を　しましょう。　1つ6〔36点〕

❶ 5×6　❷ 3×7　❸ 4×8

❹ 8×5　❺ 7×8　❻ 9×2

答えは
72ページ

教科書全ページ

月　　日

もう　すぐ　3年生
力だめし②

／100点

1 □に　あてはまる　数を　かきましょう。　1つ10〔40点〕

❶ 4cm＝□mm　❷ 126cm＝□m□cm

❸ 74dL＝□L□dL　❹ 9dL＝□mL

2 下の　図で、長方形、正方形、直角三角形は　どれですか。それぞれ　すべて　えらびましょう。1つ10〔30点〕

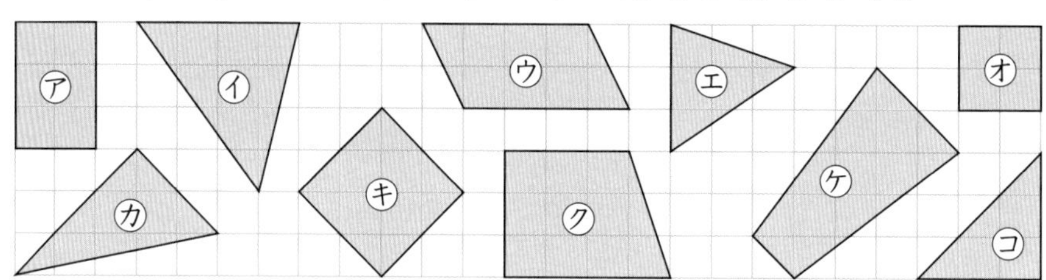

❶ 長方形　（　　　）
❷ 正方形　（　　　）
❸ 直角三角形　（　　　）

3 右の　はこの　形に　ついて　答えましょう。　1つ15〔30点〕

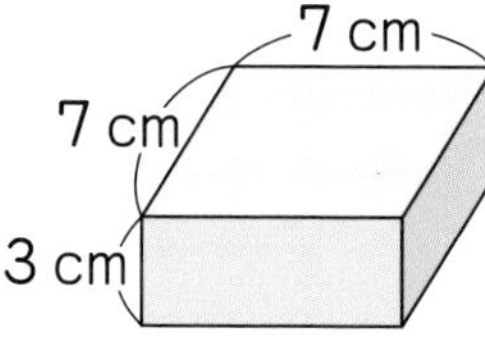

❶ 正方形の　面は　いくつ　ありますか。　（　　　）

❷ 長さが　3cmの　辺は　いくつ　ありますか。　（　　　）

答えは　72ページ

1　3・4ページ

1 ❶ シールの　形しらべ

形	まる	さんかく	しかく	ほし
まい数（まい）	5	7	3	5

❷ シールの　形しらべ

まる	さんかく	しかく	ほし
	○		
	○		
○	○		○
○	○		○
○	○	○	○
○	○	○	○
○	○	○	○

❸ さんかく
❹ しかく

★ ★ ★

1 ❶ シールの　色しらべ

色	赤色	青色	黄色
まい数（まい）	7	4	9

❷ シールの　色しらべ　❸ 黄色

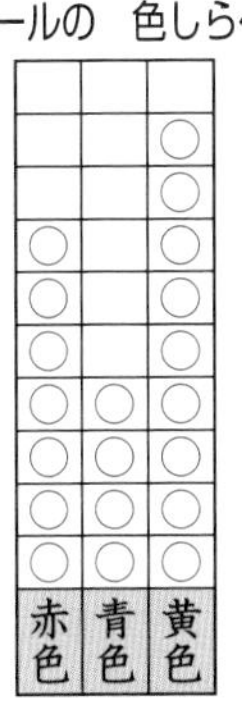

2　5・6ページ

1 ❶ 20　❷ 30　❸ 40　❹ 70

2 ❶ 2　❷ 2　❸ 24

3 （上から　じゅんに）
❶ 20、21、22
❷ 59、60、61

4 ❶ 22　❷ 33　❸ 44　❹ 52

★ ★ ★

1 ❶ 30　❷ 60　❸ 70　❹ 80

2 ❶ 2　❷ 5　❸ 9

3 ❶ 82　❷ 71　❸ 92　❹ 24

4 37＋8＝45　答え　45まい

3　7・8ページ

1 ❶ 10　❷ 10　❸ 14

2 ❶ 17　❷ 11　❸ 26　❹ 64

3 ❶ 40　❷ 40　❸ 38

4 ❶ 16　❷ 19　❸ 47　❹ 67

★ ★ ★

1 ❶ 16　❷ 25　❸ 43　❹ 72

2 ❶ 41　❷ 40　❸ 39

3 ❶ 26　❷ 38　❸ 48
❹ 59　❺ 77　❻ 82

4 33－9＝24　答え　24こ

4 9・10ページ

1 ❶ 7時20分 ❷ 6時20分
❸ 7時50分

2 ❶ 60 ❷ 24

3 ❶ 10分 ❷ 30分
❸ 2時間

★ ★ ★

1 ❶ 午前7時45分
❷ 15分 ❸ 7時間
❹ 午前6時45分
❺ 午後3時15分

てびき 1 ❸ 家に帰った時刻は、午後2時45分です。

5 11・12ページ

1 ❶ 4 ❷ 17、1、7

2 ❶ 4cm5mm ❷ 2cm2mm

3 ❶ 62mm ❷ 45mm
❸ 54mm

★ ★ ★

1 ❶ 6cm(60mm)
❷ 7cm5mm(75mm)

2 つぎのように むすぶ。
❶―㋓ ❷―㋐
❸―㋑ ❹―㋒

3 ❶ 30 ❷ 27 ❸ 100
❹ 6、4 ❺ 8 ❻ 59

6 13・14ページ

1 (下の 長さの 線)
❶
❷

2 ❶ mm ❷ cm

3 ❶ 7 ❷ 7
❸ 9、9 ❹ 1
❺ 1 ❻ 4、2

★ ★ ★

1 ❶ 18、4 ❷ 7、6
❸ 5 ❹ 8

2 ❶ 4cm(40mm)
❷ 5cm2mm(52mm)
❸ 1cm2mm(12mm)

てびき 2
❶ 3cm+1cm=4cm
❷ 2cm+3cm2mm=5cm2mm
❸ 5cm2mm−4cm=1cm2mm

7 15・16ページ

1 ❶ 88 ❷ 66 ❸ 71
❹ 60 ❺ 62 ❻ 70

2 63+36=99
答え 99円

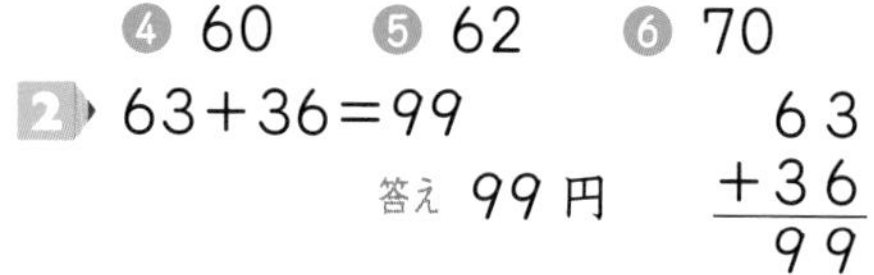

3 ❶ 【ひっ算】 【たしかめ】

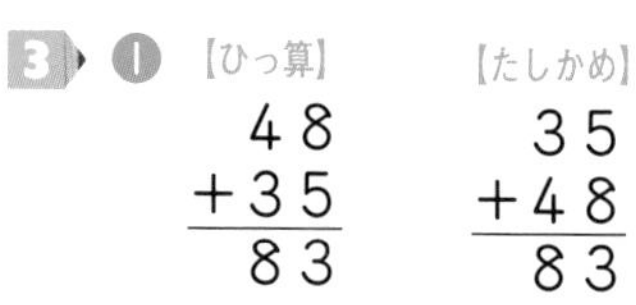

❷ 【ひっ算】 【たしかめ】
61 + 9 = 70　　9 + 61 = 70

★ ★ ★

1 ❶ 99 ❷ 93 ❸ 80
❹ 92 ❺ 53 ❻ 59

2 ① 94　② 63　③ 87
④ 60　⑤ 28　⑥ 90

3 43＋39＝82　答え 82 こ

【ひっ算】
$$\begin{array}{r} 43 \\ +39 \\ \hline 82 \end{array}$$
【たしかめ】
$$\begin{array}{r} 39 \\ +43 \\ \hline 82 \end{array}$$

8　17・18ページ

1 ① 43　② 10　③ 28
④ 8　⑤ 64　⑥ 72

2 80－48＝32
答え 32 円
$$\begin{array}{r} 80 \\ -48 \\ \hline 32 \end{array}$$

3 ①
【ひっ算】
$$\begin{array}{r} 81 \\ -45 \\ \hline 36 \end{array}$$
【たしかめ】
$$\begin{array}{r} 36 \\ +45 \\ \hline 81 \end{array}$$

②
【ひっ算】
$$\begin{array}{r} 90 \\ -73 \\ \hline 17 \end{array}$$
【たしかめ】
$$\begin{array}{r} 17 \\ +73 \\ \hline 90 \end{array}$$

★ ★ ★

1 ① 44　② 27　③ 6

2 ① 2　② 60　③ 52　④ 5
⑤ 29　⑥ 9　⑦ 54　⑧ 67

3 40－16＝24　答え 24 こ

【ひっ算】
$$\begin{array}{r} 40 \\ -16 \\ \hline 24 \end{array}$$
【たしかめ】
$$\begin{array}{r} 24 \\ +16 \\ \hline 40 \end{array}$$

9　19・20ページ

1 ①㋐ 40　㋑ 60
② 60－40＝20
答え 20 まい

2 ①㋐ 16　㋑ 14
② 16＋14＝30　答え 30 人

★ ★ ★

1 35－17＝18　答え 18 人

2 つぎのように　むすぶ。
㋐—㋓—㋔、㋑—㋒—㋕

10　21・22ページ

1 ① 808　② 500
③ 720　④ 611

2 ① 7、1、6　② 2、8
③ 308　④ 10

3 ①㋐ 609　㋑ 610　㋒ 613
②㋓ 700　㋔ 850　㋕ 1000

★ ★ ★

1 ① 390　② 47
③ 6、5、9

2 ①㋐ 550　㋑ 710　㋒ 860
② 100　③ 990
④

11　23・24ページ

1 ①㋐ 6　㋑ 130
②㋒ 8　㋓ 40

2 ① 110　② 80　③ 900
④ 500　⑤ 1000　⑥ 600

3 ① <　② >　③ >　④ <

★ ★ ★

1 ① 130　② 80　③ 700
④ 300　⑤ 1000　⑥ 500

2 140－70＝70　答え 70まい

3 60＋90＝150　答え 150円

4 ① <　② >　③ <　④ ＝

12　25・26ページ

1 ① 5dL　② 10dL（1L）

2 ① 1000　② 8

3 ① 5、4　② 3、3　③ 4、9　④ 6、1

4 ① L　② mL

★ ★ ★

1 ❶ 1L2dL（12dL）　❷ 2L6dL（26dL）

2 ❶ 400　❷ 6　❸ 4、9　❹ 53

3 ❶ 5、3　❷ 2、4　❸ 6　❹ 3

13　27・28ページ

1 ① 119　② 127　③ 105　④ 144　⑤ 103　⑥ 100

2 84＋30＝114　答え 114円

```
  84
＋30
 114
```

3 ① 88　② 147　③ 171

★ ★ ★

1 ❶ 119　❷ 133　❸ 166　❹ 100　❺ 102　❻ 100

2 95＋8＝103　答え 103こ

```
  95
＋ 8
 103
```

3 ❶ 98　❷ 155　❸ 171

14　29・30ページ

1 ① 62　② 70　③ 89　④ 97　⑤ 68　⑥ 96

2 ① 90　② 58　③ 91　④ 94

3 108－29＝79　答え 79本

```
 108
－ 29
  79
```

★ ★ ★

1 ❶ 91　❷ 72　❸ 16　❹ 78　❺ 89　❻ 91　❼ 25　❽ 98

2 ❶ 37＋45＝82　答え 82円

❷ 100－82＝18　答え 18円

```
 100
－ 82
  18
```

15　31・32ページ

1 ① 677　② 375　③ 241　④ 726

2 ① 767　② 555　③ 930　④ 422　⑤ 648　⑥ 846

3 435＋62＝497　答え 497円

```
 435
＋ 62
 497
```

★ ★ ★

1 ❶ 899　❷ 477　❸ 310　❹ 656　❺ 545　❻ 738

2 ❶ 777　❷ 693　❸ 553　❹ 433　❺ 917　❻ 307

3 284－48＝236　答え 236まい

```
 284
－ 48
 236
```

16 33・34ページ

1 ❶ 16+(7+3)　❷ 26

2 ❶ 58+4+6=68

❷ 58+(4+6)=68

3 17+(5+15)=37　または

17+5+15=37　答え 37人

★ ★ ★

1 ❶ 47 ❷ 25 ❸ 96 ❹ 30

❺ 39 ❻ 60 ❼ 62 ❽ 33

2 ❶ ㋑　❷ 59まい

❸ 59まい

てびき 2

❷ 39+15=54　54+5=59

❸ 15+5=20　39+20=59

じゅんにたしても、まとめてたしても答えは同じことを確認しましょう。

17 35・36ページ

1 ❶ 2人(ずつ)

❷㋐ 6人　㋑ 10人

❸ [2]×[6]=[12]　[12]人

2 ❶ [2]×[3]=[6]　[6]こ

❷ [4]×[3]=[12]　[12]こ

❸ [6]×[3]=[18]　[18]こ

★ ★ ★

1 ㋑

2 ❶ 4、20

❷ 7、7、7、21

3 ❶ 5×3=15　答え 15人

❷ 2×6=12　答え 12本

18 37・38ページ

1 ❶ 5×2=[10]

❷ 5×[3]=[15]

❸ [5]×[4]=[20]

2 ❶ 2×[3]=[6]　答え 6こ

❷ 2×4=8　答え 8こ

3 ❶ 30 ❷ 10 ❸ 45 ❹ 14

★ ★ ★

1 つぎのように　むすぶ。

❶—㋒　❷—㋓

❸—㋑　❹—㋐

2 2×7=14　答え 14こ

3 ❶ 5×3=15　答え 15こ

❷ 5×6=30　答え 30こ

19 39・40ページ

1 ❶ 3×6=[18]　[18]人

❷㋐ 3×7=[21]　[21]人

㋑ 3×[8]=[24]　[24]人

㋒ [3]×[9]=[27]　[27]人

❸ 3人

2 ❶ 4 ❷ 12 ❸ 28 ❹ 20

❺ 36 ❻ 8

★ ★ ★

1 ❶ 3　❷ 4

2 つぎのように　むすぶ。

❶—㋒　❷—㋓

❸—㋑　❹—㋐

3 3×3=9　答え 9cm

4 4×6=24　答え 24ページ

20　41・42ページ

1 ❶ 42 ❷ 18 ❸ 12 ❹ 24
❺ 30 ❻ 54 ❼ 6 ❽ 48

2 ❶ 6 ❷ 6

3 ❶ 28 ❷ 63 ❸ 35 ❹ 49
❺ 21 ❻ 42 ❼ 14 ❽ 56

★ ★ ★

1 ❶ 42 ❷ 6 ❸ 42

2 ❶ 6 ❷ 7

3 6×4＝24　答え 24人

4 7×2＝14　答え 14日

21　43・44ページ

1 ❶ 24 ❷ 16 ❸ 40 ❹ 48
❺ 56 ❻ 32 ❼ 64 ❽ 72

2 ❶ 1×3＝3　答え 3円
❷ 1×8＝8　答え 8cm

3 ❶ 18 ❷ 45 ❸ 63 ❹ 36
❺ 81 ❻ 27

★ ★ ★

1 ❶ 8 ❷ 9

2 ❶ 8×4＝32　答え 32円
❷ 8×7＝56　答え 56円

3 1×9＝9　答え 9本

4 9×8＝72　答え 72こ

22　45・46ページ

1 ❶ 8×5＝40　答え 40円
❷ 40＋95＝135　答え 135円

2 6×3＝18　18－9＝9
答え 9こ

3 【れい】4×4＝16
16－2＝14
答え 14まい

てびき 3 4×3＝12、12＋2＝14 や、2×4＝8、2×3＝6、8＋6＝14 などとしても正解です。

★ ★ ★

1 2×6＝12　26－12＝14
答え 14まい

2 5×8＝40　40＋32＝72
答え 72まい

3 8×4＝32　41－32＝9
答え 9人

4 【れい】4×5＝20　2×2＝4
20－4＝16
答え 16こ

23　47・48ページ

1 ㋐、㋑、㋔に ○

2 ❶ 辺 ❷ ちょう点
❸ 三角 ❹ 四角

3 ❶【れい】 ❷【れい】

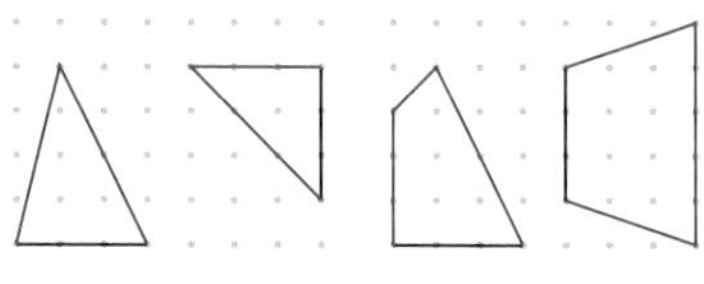

★ ★ ★

1 ❶ ㋐、㋗、㋙
❷ ㋑、㋒、㋘、㋚
❸ ㋓、㋔、㋕、㋖

2 ❶ 三角形 ❷ 三角形、1
❸ 四角形、2

49・50ページ

1 ㋐、㋕
2 ❶ 直角、辺　❷ 直角三角形
3 ❶ ㋕、㋘　❷ ㋐、㋙
❸ ㋔、㋖

★ ★ ★

1 ❶
【れい】
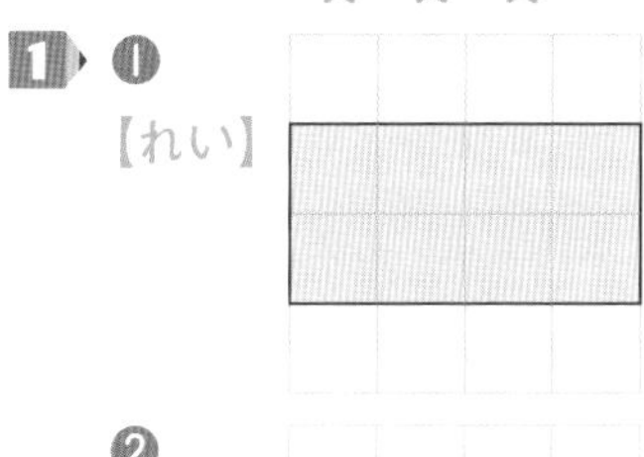

❷
【れい】

2 2つ
3 ❶ 5　❷ 4　❸ 7　❹ 7

25

51・52ページ

1 ❶ 8(ずつ) ❷ 7×9 ❸ 5×3
❹ 2×9、3×6、6×3、9×2
❺ 7のだん　❻ 5のだん

★ ★ ★

1 ❶ 6　❷ 3
2 つぎのように　むすぶ。
❶—㋑　❷—㋓
❸—㋐　❹—㋒
3 ❶ 3、39　❷ 39

26

53・54ページ

1 ❶ cm ❷ m ❸ cm ❹ m
2 ❶ 200　❷ 3、40
❸ 6　❹ 7、8
3 ㋐

★ ★ ★

1 ❶ 2、95　❷ 675
2 ❶ 3m80cm　❷ 2m30cm
❸ 7m
3 ❶ 1m60cm＋20cm
＝1m80cm
答え 1m80cm
❷ 1m60cm－20cm
＝1m40cm
答え 1m40cm

27

55・56ページ

1 ❶ 3231　❷ 2304
2 ❶ 3　❷ 8　❸ 7　❹ 5
3 ❶ 3278　❷ 5095
4 ❶ 1500　❷ 27

★ ★ ★

1 ❶ 1573　❷ 4309
❸ 3764　❹ 6002
2 ❶ 2、8、5、7　❷ 69
❸ 7000、70
3 ❶ 2105　❷ 3000

てびき 3 ❶ 100は11こあるので、1100です。
❷ 1が10こで10、10が10こで100、100が10こで1000になります。

28　57・58ページ

1 ❶ 10000　❷ 1000　❸ 一万

2 ❶ 100

❷㋐ 5300　㋑ 7500

㋒ 9800

❸ 5000 6000 7000 8000 9000 10000

3 ❶ ＞　❷ ＜　❸ ＜　❹ ＞

★ ★ ★

1 ❶ 8900　❷ 5999

❸ 9990　❹ 10000

2 ❶㋐ 9992　㋑ 9997

㋒ 10000

❷㋓ 4930　㋔ 4980

❸㋕ 9200　㋖ 9500

㋗ 9700

3 ❶ ＜　❷ ＞　❸ ＜　❹ ＞

29　59・60ページ

1 ❶ 6つ　❷ 長方形　❸ 1つ

2 ㋑

3 ❶ 8こ　❷ 4本

★ ★ ★

1 ❶ 2つ　❷ 12

2 ❶ 8つ　❷ 4つ　❸ 2つ

❹㋐ 4つ　㋑ 8つ

30　61・62ページ

1 ㋑

2 【れい】

❶

❷

3 ❶ 3　❷ 2

★ ★ ★

1 ❶ ㋒　❷ 2

❸ ㋑　❹ ㋓

2 ❶ 4　❷ 5

31　63ページ

1 ❶ 5080　❷ 290

❸ 10000

2 ❶ 75　❷ 153　❸ 103

❹ 24　❺ 8　❻ 85

3 ❶ 午後4時10分

❷ 午後5時10分

4 ❶ 30　❷ 21　❸ 32

❹ 40　❺ 56　❻ 18

てびき 2

❶ 27 + 48 = 75　❷ 68 + 85 = 153　❸ 76 + 27 = 103

❹ 91 − 67 = 24　❺ 105 − 97 = 8　❻ 162 − 77 = 85

32　64ページ

1 ❶ 40　❷ 1、26

❸ 7、4　❹ 900

2 ❶ ㋐　❷ ㋔、㋖

❸ ㋕、㋙

3 ❶ 2つ　❷ 4つ

3 2 1 0 9 8 7 6 5 4
＊ ＊ D C B A